高职高专"十二五"规划教材

电子线路 CAD——
Protel 99SE 与 Altium Designer

吴国贤　主编

徐彬锋　吴雯倩　王娜丽　宋光坤　副主编

化学工业出版社

·北京·

本书从实用角度出发，采用高职高专倡导的"项目化""任务式"教学模式，组织长期从事电子线路 CAD 教学的一线教师和企业工程技术人员联合编写。

本书选择了 12 个实际工作任务作为学习和训练项目，每个项目以实际工作任务流程为训练步骤，力求在训练过程中，提高学生的职业技能。实训环境接近真实企业环境，满足学生的零距离上岗要求。

本书由易到难、由浅入深，通过不同训练项目，逐步引导学生掌握 CAD 设计的各个要点。本书主要包括单面板设计、双面板设计、原理图的绘制、PCB 布局布线、元件库的建立、封装库的建立等电子线路 CAD 设计技术，在 Protel 99SE 设计的基础上，对 Altium Designer 设计进行讲解，并且详细介绍基于 Protel 99SE 与 Altium Designer 09 的电子线路 CAD 设计的基本方法与技巧。

本书可作为高职高专院校电子 CAD、EDA 技术、PCB 设计等相关课程的教材，也可供从事电路设计的工作人员参考。

图书在版编目（CIP）数据

电子线路 CAD：Protel 99SE 与 Altium Designer /
吴国贤主编. —北京：化学工业出版社，2015.4（2018.1重印）
高职高专"十二五"规划教材
ISBN 978-7-122-23271-7

Ⅰ. ①电… Ⅱ. ①吴… Ⅲ. ①印刷电路-计算机辅助
设计-应用软件-高等职业教育-教材 Ⅳ. ①TN702

中国版本图书馆 CIP 数据核字（2015）第 044810 号

责任编辑：王听讲　　　　　　　　装帧设计：韩　飞
责任校对：宋　玮

出版发行：化学工业出版社（北京市东城区青年湖南街 13 号　邮政编码 100011）
印　　装：大厂聚鑫印刷有限责任公司
787mm×1092mm　1／16　印张13　字数336千字　2018 年 1 月北京第 1 版第 2 次印刷

购书咨询：010-64518888（传真：010-64519686）　　　售后服务：010-64518899
网　　址：http:// www.cip.com.cn
凡购买本书，如有缺损质量问题，本社销售中心负责调换。

定　　价：**29.00 元**　　　　　　　　　　　　　　　　　版权所有　违者必究

前 言

"电子线路 CAD"是高等院校电子类专业的核心课程，同时也是一门实践性和综合性很强的专业课程，它涉及电子技术、电子工艺、PCB 制板工艺等多方面的基础知识和实践知识。

根据多年从事一线教学经验，我们发现，采用传统的"理论+实验实践"教学方式，教师很难吸引学生的注意力，而学生也会逐渐失去学习的兴趣，因此对该课程进行教学改革是势在必行的。

本书从实用角度出发，采用高职高专倡导的"项目化""任务式"教学模式，组织长期从事电子线路 CAD 教学的一线教师和企业工程技术人员，编写了这本教材。

本书选择了 12 个实际工作任务作为学习和训练项目，每个项目以实际工作任务流程为训练步骤，力求在训练过程中，提高学生的职业技能，实训环境接近真实企业环境，满足学生的零距离上岗要求。

本书通过不同训练项目的设计和实现，由易到难、由浅入深，逐步引导学生掌握 CAD 设计的各个要点。本书主要包括单面板设计、双面板设计、原理图的绘制、PCB 布局布线、元件库的建立、封装库的建立等电子线路 CAD 设计技术，在 Protel 99SE 设计的基础上，对 Altium Designer 设计进行讲解，并且详细介绍基于 Protel 99SE 与 Altium Designer 09 的电子线路 CAD 设计的基本方法与技巧。

本书可作为高职高专院校电子 CAD、EDA 技术、PCB 设计等相关课程的教材，也可供从事电路设计的工作人员参考。

本书分为两部分。第一部分，共 5 个项目，以 Protel 99SE 软件为基础进行讲解。

项目 1：三极管放大电路原理图与 PCB 设计，主要讲解原理图的绘制、元件库的调用、PCB 设计等方面内容。

项目 2：无线话筒电路原理图与 PCB 设计，主要讲解原理图的绘制、简单元件的设计、PCB 设计等方面内容。

项目 3：51 单片机小系统电路原理图与 PCB 设计，主要讲解较复杂原理图的绘制、元件的设计、手动布线、PCB 设计等方面内容。

项目 4：元件库设计，主要讲解如何使用元件库、编辑元件库、添加和修改元件等方面内容。

项目 5：封装库设计，主要讲解如何使用元件封装库、编辑元件封装库、添加和修改元件封装等方面内容。

第二部分，共 6 个项目，以 Altium Designer 09 软件为基础进行讲解。

项目 6：多谐振荡电路原理图绘制，主要讲解原理图的绘制、元件库的调用等方面内容。

项目 7：多谐振荡电路 PCB 设计，主要讲解 PCB 文件的创建、导入设计、PCB 设计规则、手动布线等方面内容。

项目 8：三极管放大电路原理图与 PCB 设计，主要讲解原理图的绘制、封装管理器、PCB 设计规则、自动布线、工艺文件等方面内容。

项目 9：三态逻辑笔电路原理图与 PCB 设计，主要讲解如何加载元件库、设置 PCB 设计环境、PCB 约束条件等方面内容。

项目 10：元件库与封装库设计，主要讲解个人元件库的建立、修改、元件的创建，封装库的创建、修改、元件封装的创建等方面内容。

项目 11：STM32 开发板电路原理图与 PCB 设计，主要讲解贴片电路设计等方面内容。

项目 12：PCB 设计基础与规则设置，主要介绍了 PCB 设计的基本设置与方法。

我们将为使用本书的教师免费提供电子教案等教学资源，需要者可以到化学工业出版社教学资源网站 http://www.cipedu.com.cn 免费下载使用。

本书由天津现代职业技术学院吴国贤主编并统稿，徐彬锋、吴雯倩、王娜丽、宋光坤副主编。本书由多位作者通力合作编写，项目 1 由天津现代职业技术学院武志强编写；项目 2、4、5 由吴国贤编写；项目 3 由天津职业技术师范大学刘颖编写；项目 6、7 由天津现代职业技术学院吴雯倩编写；项目 8 由天津现代职业技术学院王娜丽编写；项目 9 由河北工业职业技术学院张文灼编写；项目 10 由广东食品药品职业学院徐彬锋编写；项目 11 由天津现代职业技术学院宋光坤编写；项目 12 由四川矿产机电技师学院李才惠编写；天津现代职业技术学院李莹、刘冉参与了本书编写工作。

由于编者学识水平和时间的限制，书中可能存在错漏，衷心希望得到专家、读者的批评指正，谢谢！

编　者
2015 年 1 月

目 录

随着计算机技术的发展，计算机软件在电路设计中的应用越来越普及，Protel、OrCAD、Multisim 等都是人们非常熟悉的常用电子设计自动化（EDA）软件。在众多的电子设计自动化软件中，Altium 公司在 1999 年推出的 Protel 99SE 软件，以及在 2006 年推出的 Altium Designer 软件，都以其操作简单、功能全面和兼容性好等优点，成为目前常用的 EDA 工具之一。本书的所有例程都在 Protel 99SE 和 Altium Designer 这两个软件平台上进行讲授。

1）电子线路 CAD 软件的发展

为了适应技术的发展，Protel Technology 公司（后改为 Altium 公司）推出了 Protel for DOS 作为 TANGO 的升级版本，从此 Protel 这个名字在电子线路设计行业内日益响亮。

20 世纪 90 年代中期，Windows 95 开始出现，Protel 推出了基于 Windows 95 的 Protel 3.X 版本。3.X 版本的 Protel 加入了新颖的主从式结构，但在自动布线方面没有出众表现。另外由于 3.X 版本的 Protel 是 16 位和 32 位的混合型软件，不太稳定。于是 1998 年，Protel Technology 公司推出了全新的 Protel 98。Protel 98 以其出众的自动布线能力获得了业内人士的一致好评。随后，Protel Technology 公司于 1999 年推出了功能更加强大的 Protel 99SE。与之前的各个版本相比，Protel 99SE 无论在操作界面上，还是在设计能力方面都有了全面的提高。

2002 年 8 月，Protel Technology 公司推出了 Protel DXP，这是一套集合所有设计工具于一体的设计系统，具备了当今所有先进辅助设计软件的优点。

2004 年，推出 Protel DXP 2004（对 Protel DXP 2002 进一步完善），有 SP1、SP2、SP3、SP4 四个版本，但相差不大。

2006 年，推出 Altium Designer6.0，目前最新版本为 Altium Designer13.0，集成了更多工具，使用更加方便，功能更加强大，特别在 PCB 布线性能方面有了很大的提高。

2）Protel 99SE 的主要功能

考虑到 Protel 99SE 依然是应用非常广泛的原理图设计、印制电路板设计软件，它的人机界面友好，操作方便，入门简单，硬件配置需求低，本书中的项目 1 至项目 5，均以 Protel 99SE 软件作为平台讲解。

Protel 采用设计库管理模式，可以进行联网设计，具有很强的数据交换能力和开放性及 3D 模拟功能，是一个 32 位的设计软件，可以完成原理图、PCB 设计、可编程逻辑器件设计和电路仿真等，可以设计 32 个信号层，16 个电源、地层和 16 个机加工层，其官网网址为 www.protel.com，用户如果需要进行软件升级或获取更详细的资料，可以到网站查询。

Protel 99SE 中的主要功能模块如下所示。

（1）Advanced Schematic 99SE（原理图设计系统）

该模块主要用于电路原理图设计、原理图元件设计和各种原理图报表生成等。

（2）Advanced PCB 99SE（印制电路板设计系统）

该模块提供了一个功能强大和交互友好的 PCB 设计环境，主要用于 PCB 设计、元件封装设计、报表形成及 PCB 输出。

（3）Advanced Route 99SE（自动布线系统）

该模块是一个集成的无网格自动布线系统，布线效率高。

（4）Advanced Integrity 99SE（PCB 信号完整性分析）

该模块提供精确的板级物理信号分析，可以检查出串扰、过冲、下冲、延时和阻抗等问题，并能自动给出具体解决方案。

（5）Advanced SIM 99SE（电路仿真系统）

该模块是一个基于最新 Spice3.5 标准的仿真器，为用户的设计前端提供了完整、直观的解决方案。

（6）Advanced PLD 99SE（可编程逻辑器件设计系统）

该模块是一个集成的 PLD 开发环境，可使用原理图或 CUPL 硬件描述语言作为设计前端，能提供工业标准 JEDEC 输出。

3）Protel 99SE 的安装

（1）运行 Protel 99SE 推荐的硬件配置

CPU 为 Pentium II 1GB 以上；内存为 128MB 以上；硬盘为 5GB 以上可用的硬盘空间；操作系统为 Windows 98 版本以上；显示器为 17 吋 SVGA，显示分辨率为 1024×768 像素以上。

（2）Protel 99SE 软件的安装

① 将 Protel 99SE 软件光盘放入计算机的光盘驱动器中。

② 放入 Protel 99SE 光盘后，系统将激活自动执行文件，屏幕出现如图 0-1 所示的欢迎信息。如果光驱没有自动执行，可以在 Windows 环境中打开光盘，运行光盘中的 setup.exe 文件进行安装。

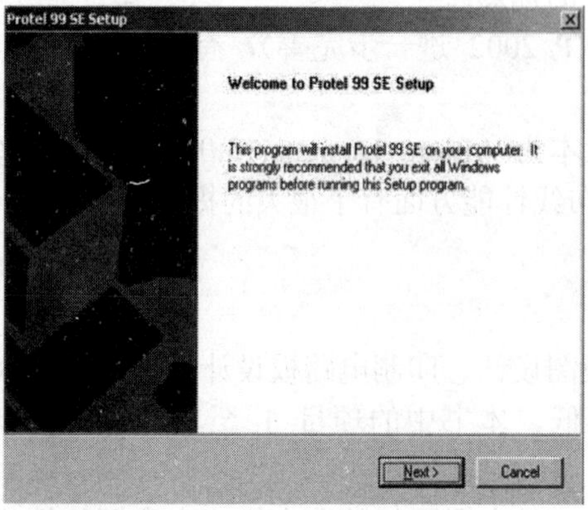

图 0-1　Protel 99SE 的安装界面

③ 单击 Next 按钮，屏幕弹出用户注册对话框，提示输入序列号及用户信息，如图 0-2 所示，正确输入供应商提供的序列号后单击 Next 按钮进入下一步。

④ 单击 Next 按钮后，屏幕提示选择安装路径，一般不作修改。再次单击 Next 按钮，选择安装模式，一般选择典型安装（Typical）模式。继续单击 Next 按钮，屏幕提示指定存放图标文件的程序组位置，如图 0-3 所示。

⑤ 设置好程序组，单击 Next 按钮，系统开始复制文件，如图 0-4 所示。

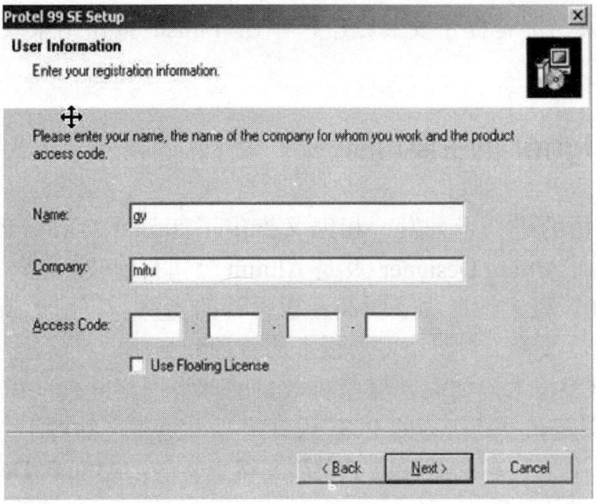

图 0-2　输入软件序列号

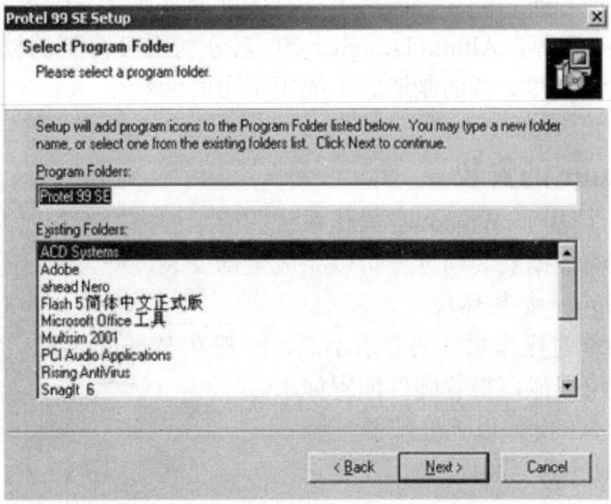

图 0-3　指定程序组

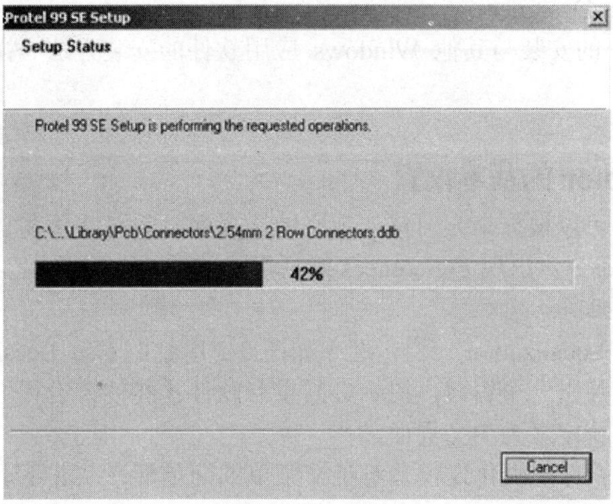

图 0-4　复制文件

⑥ 系统安装结束，屏幕提示安装完毕，单击 Finish 按钮结束安装，系统在桌面产生 Protel 99SE 的快捷方式。

4）Altium Designer 的主要功能

经过 Altium 公司的进一步开发，相继又推出了 Protel DXP、Protel 2004 和 Altium Designer 系列软件，而 Altium Designer 09 是 Altium 公司目前较新的一个版本。

Altium Designer 09 极大地增强了对高密板设计的支持，可用于高速数字信号设计。该软件提供大量新功能，改善了对复杂多层板卡的管理和导航，可将器件放置在 PCB 的正反两面，处理高密度封装技术，如高密度引脚数量的球形网格阵列（BGAS）。以前这些高级的 PCB 设计技术被限定在"高级"的 PCB 设计产品，这些产品对于大多数工程师来说价格昂贵。然而，Altium 公司的理念是让电子设计变得更容易，Altium Designer 09 让每一位工程师都能使用最新的设计功能。

Altium Designer 09 极大减少了带有大量引脚的器件封装在高密度板卡上设计的时间，简化了复杂板卡的设计导航功能，设计师可以有效处理高速差分信号，尤其对大规模可编程器件上的大量 LVDS 资源。Altium Designer 09 充分利用可得到的板卡空间和现代封装技术，以更有效的设计流程和更低的制造成本缩短上市时间。

5）Altium Designer 的安装

Altium Designer 是基于 Windows 操作系统的应用程序，与其他大多数软件一样，它的安装步骤很简单，只需根据安装向导就可以完成全部安装过程。

（1）Altium Designer 安装环境

Altium Designer 09 对操作系统的要求不高，一般在 Windows XP 系统下安装及使用。同时为了获得较佳的使用性能，推荐硬件配置如下。

▼ Intel 奔腾 4 3.2GHz 或以上处理器；

▼ 4GB 以上可用硬盘空间；

▼ 2GB 或以上内存；

▼ 128MB 显存或以上显卡。

（2）安装 Altium Designer

Altium Designer 的安装与其他 Windows 应用软件的安装方法一样，十分简单，这里就不再介绍了。

6）Altium Designer 的基本设置

Altium Designer 可以根据个人习惯，定义中文界面、系统字体和自动备份等设置。执行 DXP→Preferences…命令，出现 Preferences 对话框，如图 0-5 所示。

（1）定义中文界面

中文界面设置在 Localization 一栏，选中如图 0-5 所示的 Use Localized resources 选项即可。选中后，系统会弹出一个窗口，提示必须重启软件才能使该设置生效，单击 OK 按钮，重启软件后即可将系统定义为中文界面。

需要指出的是，软件的汉化仅仅是对英文菜单的简单翻译，并不十分恰当，故而本书在英文界面下讲解 Altium Designer 的使用。

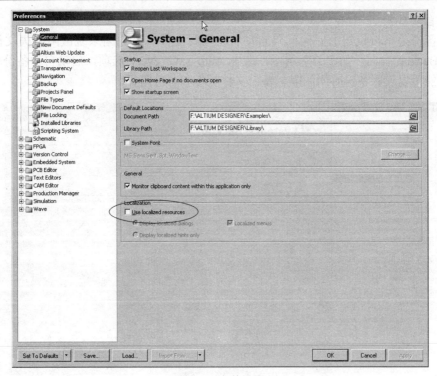

图 0-5 参数设置

（2）系统字体

系统字体，包括菜单、对话框和面板字体等。选中如图 0-6 所示的 System Font 选项，单击 Change 按钮，弹出字体对话框，即可定义字体。

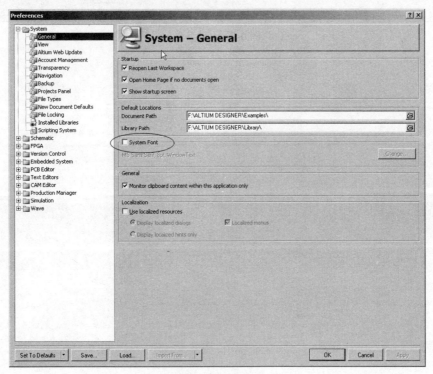

图 0-6 系统字体

（3）自动备份

　　自动备份是指按设定的时间间隔自动备份项目文件，避免因系统故障丢失文件。选择 System→Backup 页面，如图 0-7 所示，选中 Auto save every 选项，启动自动备份功能。自动备份功能可以设置备份时间间隔、备份文件版本和备份路径。

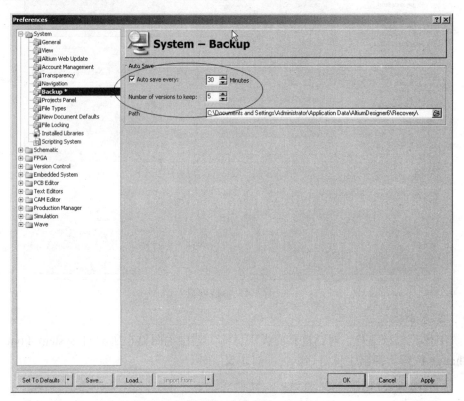

图 0-7　自动备份

第一部分　Protel 99SE

项目 1

三极管放大电路原理图与 PCB 设计

本项目目的： 利用电子线路 CAD 软件 Protel 99SE 完成三极管放大电路原理图和印制电路板的设计，如图 1-1 所示为三极管放大电路原理图，元件在原理图中以国际标准的图形符号的形式显示。

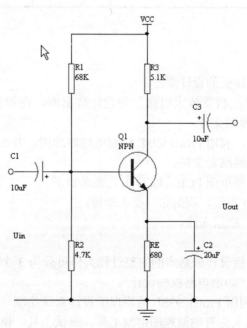

图 1-1　三极管放大电路原理图

本项目重点： 利用 CAD 软件正确绘制原理图，正确使用元器件符号，理解元器件封装的含义，并确定图 1-1 中元器件的封装，了解根据实际元器件确定封装参数的方法，初步了解工艺文件的编写，项目描述见表 1-1。

表 1-1　项目描述

项目名称：三极管放大电路				课时	
学习目标					
技能目标			专业知识目标		
能够熟练操作 Protel 99SE 软件； 熟悉原理图的绘制过程； 熟悉元件的放置、调试和编辑； 能够改正原理图绘制过程中的常见错误； 熟练生成网络表并导入 PCB 设计环境； 能够独立完成 PCB 设计； 了解工艺文件的编写			熟悉印制电路板制作流程； 掌握元件、封装的概念； 掌握编写工艺文件的意义		
学习主要内容			教学方法与手段		
1. 项目资料信息收集； 2. 确认操作流程； 3. 整理项目材料及设备使用计划； 4. 熟悉整个操作过程； 5. 项目实施； 6. 设计检测； 7. 工艺文件的编写			项目+任务驱动教学； 分组工作和讨论； 实践操作； 现场示范		
教学材料	使用场地	工具	学生知识与能力准备	教师知识与能力要求	考核与评价
电子书籍、项目计划任务书、项目工作流程、厂家设备说明书	实训室、企业生产车间	计算机、快速制板系统、手动转头、高精度数控	操作安全知识、电子专业基础知识、基本电路识图能力	具有企业工作经历、熟悉整个项目流程、3年以上教学经验；	项目开题报告； 项目策划； 流程制定； 产品质量； 总结报告

【项目分析】

项目要求如下所示。

（1）了解实际印制电路板的设计流程。

（2）新建一个名为"三极管放大电路"的设计数据库，在设计数据库中新建一个名为"三极管放大电路"的原理图文件。

（3）根据实际电路图，利用 Protel 99SE 绘制电路原理图，并添加元件名称和封装。

（4）根据原理图生成网络表文件。

（5）根据工艺要求绘制单面 PCB，PCB 工艺要求如下。

① 印制电路板的尺寸不定，满足布局要求即可；

② 保证单面板设计，底层布线。

（6）编制工艺文件。

一般而言，印制电路板设计最基本的完整过程大体可分为 3 个步骤，分别为"原理图的设计""生成网络表"和"印制电路板的设计"。

① 原理图的设计：利用 Protel 99SE 的原理图设计系统绘制一张电路原理图。设计者利用 Protel 99SE 提供的强大完善的原理图绘制工具、测试工具、模拟仿真工具，得到一张正确、精美的电路原理图，为接下来的设计工作做好准备。

② 生成网络表：网络表是电路原理图设计（Sch）与印制电路板设计（PCB）之间的桥梁和纽带，是印制电路板设计中自动布线的基础。网络表可以由电路原理图生成，也可以从已有的印制电路板文件中获得。

③ 印制电路板的设计：利用 Protel 99SE 的印制电路板设计系统进行电路板的设计工作。

简而言之，电路板的设计过程首先是绘制电路原理图（Sch），然后由原理图文件生成网络表，最后在印制电路板（PCB）设计系统完成自动布线工作，当然也可以根据电路原理图直接进行手工布线，完成布线工作后，可以利用打印机进行输出打印并进行制板工作了。

【项目任务实施】

任务 1：创建一个新项目

Protel 99SE 的启动和退出是一个相当简单的操作。在软件安装完成后，安装程序自动把 Protel 99SE 的快捷方式添加到【开始】菜单，选中【程序】命令，单击级联菜单中的 Protel 99SE 文件夹，单击其可执行文件的快捷方式 Protel 99SE 便可以了。

启动应用程序后，经过几秒的时间便可以进入如图 1-2 所示的 Protel 99SE 主窗口。

图 1-2　Protel 99SE 主窗口

1）Protel 99SE 菜单栏

Protel 99SE 菜单栏的功能是进行各种命令操作，设置各种参数、进行各种开关的切换等，主要包括 File（文件）、View（视图）和 Help（帮助）3 个菜单，如图 1-3 所示。

　　　　　　　File文件　View视图　Help帮助

图 1-3　Protel 99SE 的菜单栏

（1）File（文件）菜单

File（文件）菜单主要用于文件的管理，包括文件的打开、新建和退出等。

New（新建）：用于新建一个空白文件。文件的类型包括原理图格式（Sch）、印制电路板图格式（PCB）、原理图元件库编辑文件（Schlib）、印制电路板电路元件库编辑文件（PCBlib）等。

Open（打开）：打开并装入一个已经存在的文件，同样可以打开不同类型的文件以便进行修改。

Exit（退出）：退出 Protel 99SE。

（2）View（视图）菜单

View（视图）菜单用于切换设计管理器、状态栏、命令状态行的打开和关闭。

（3）Help（帮助）菜单

Help（帮助）菜单用于打开帮助文件，用户可以随时打开以获得各方面的帮助。

2）工具栏

工具栏的功能与菜单的功能相似，其位置见 Protel 99SE 主窗口，自左向右 3 个工具栏的功能分别为打开或关闭项目管理器、打开一个文件、打开帮助文件，如图 1-4 所示。

图 1-4　Protel 99SE 工具栏

3）创建项目设计文件

在开始各种编辑工作前，必须先创建一个新的项目设计文件，或打开一个已经存在的设计文件（后缀名为.ddb）。下面以创建一个设计文件为例进行说明。

（1）首先执行菜单命令 File→New，出现如图 1-5 所示新建设计库对话框，输入文件名（扩展名默认为*.ddb），单击 Browse（浏览）按钮，可选择合适的位置，本例中，文件名为"三极管放大电路"，文件位置存放在 E:\99SE 项目设计。如果需要，还可以选择密码保护（Password）。

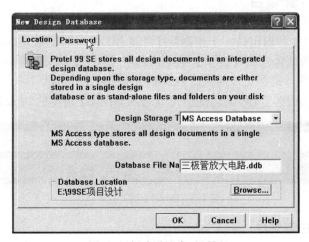

图 1-5　新建设计库对话框

（2）单击 OK 按钮出现如图 1-6 所示的窗口。这样就创建了一个名为"三极管放大电路"的数据库文件，之后，与此设计相关的各种文件和信息都将包含在这个数据库中。

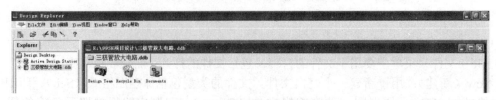

图 1-6　Protel 99SE 设计库窗口

（3）双击图 1-6 中的 Documents 文件夹，会发现在工作窗口上部多了一个 Documents（文件夹）标签，如图 1-7 所示，以便建立新文件。

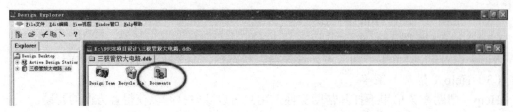

图 1-7　双击【Documents】文件夹

自此，一个新的项目设计文件已经建立，文件名为"三极管放大电路"，文件存放在 E:\99SE 项目设计中。

任务 2：启动原理图设计

双击图 1-6 中的 Documents 文件夹后，进入原理图设计环节。

（1）执行菜单命令 File→New，出现如图 1-8 所示的选择文件类型对话框。

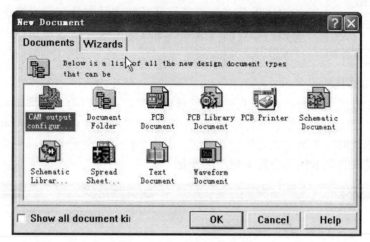

图 1-8 选择文件类型对话框

（2）单击 Schematic Document 原理图编辑器图标。单击 OK 按钮或双击该图标即可完成新的原理图文件的创建，创建过程中，可对该文件进行命名，默认名为 Sheet1.Sch，本例将其命名为"三极管放大电路.Sch"，如图 1-9 所示。

图 1-9 创建新的原理图文件

启动其他设计器的方法与启动原理图设计器的方法类似，在这就不再一一介绍了。

任务 3：准备绘制原理图

本任务主要讲解在利用 Protel 99SE 原理图设计系统绘制原理图之前所需要做的任务，重点：Protel 99SE 视窗画面的基本操作，原理图图纸参数的设置等基本操作。

在上一任务中，已经创建了一个原理图设计文件"三极管放大电路.Sch"，双击该文件，即可出现如图 1-10 所示的视窗画面。下面对视窗画面做简要说明。

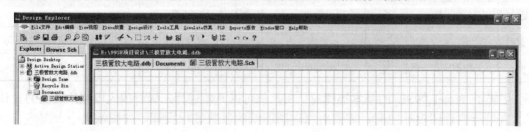

图 1-10 视窗画面

1）设计管理器（Design Manager）的打开或关闭

图 1-11　设计管理器窗口

设计管理器窗口如图 1-11 所示，放置在视窗画面窗口的左面。打开或关闭设计管理器的方法是执行菜单命令 View→Design Manager。设计管理器窗口由两个标签组成，项目浏览器（Explorer）和原理图浏览器（Browse Sch），这两个浏览器的作用分别是浏览已打开的项目文件和浏览当前原理图信息，它们之前的切换可以通过单击设计管理器窗口上部对应的标签来实现。

2）编辑器的切换

Protel 99SE 的视图画面窗口除包含项目管理窗口外，还可以为多个编辑器窗口共用，编辑器窗口如图 1-12 所示，各个编辑器窗口之间的切换是通过单击各个编辑器对应的标签来实现的。当在各个编辑器窗口之间进行切换时，其左侧的设计管理器窗口也会随之作相应的改变，同时主窗口的菜单栏也会发生相应的变化。

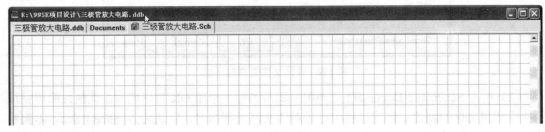

图 1-12　编辑器窗口

3）主工具栏

Protel 99SE 提供形象、直观的工具栏，用户可以单击工具栏上的按钮来执行常用的命令。主工具栏如图 1-13 所示。

图 1-13　主工具栏

主工具栏按钮功能见表 1-2。

表 1-2　主工具栏按钮功能

	项目管理器		显示整个工作面		解除选取状态		修改元件库设置
	打开文件		主图、子图切换		移动被选元件		修改元件的功能单元
	保持文件		设置测试点		绘图工具		撤销操作
	打印设置		剪切		绘制电路工具		重复操作
	放大显示		粘贴		仿真设置		帮助文件
	缩小显示		选取虚线框内元件		电路仿真		

了解了 Protel 99SE 的基本视图窗口后，就可以开始进行三极管放大电路原理图的设计了。在进行原理图设计之前，需要对原理图图纸的参数进行设计，如图纸大小、方向、边框、标题栏等。

4）原理图图纸参数的设置

设置图纸参数时，可执行菜单命令 Design→Option，出现如图 1-14 所示的对话框。用户在此对话框中，可以对图纸的有关参数进行设置。

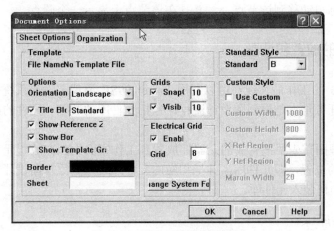

图 1-14　图纸参数设置对话框

（1）设置图纸尺寸

在图 1-14 所示对话框的 Sheet Options（图纸选项）中，将光标移至 Standard Style（标准风格）选项窗口右侧，单击下拉列表，即可选择图纸大小参数，如标准图纸参数公制 A3、A4 等，本例电路原理图如图 1-1 所示，所需要的元件非常少，图纸大小可以选择较小的 A4 图纸；在选择不同图纸大小参数时，下部的 Custom Style 中的前两项会显示出对应图纸的宽和高，根据这两个参数，可以很直观地了解所选择图纸的大小。或者也可以通过勾选 Use Custom 前的复选框，定义任意尺寸的图纸。

（2）设置图纸方向

在图 1-14 所示对话框的 Sheet Options（图纸选项）中，单击 Options（选项）中 Orientation（方向）窗口右侧的下拉按钮，从下拉列表中选择 Landscape（水平放置），可将图纸方向确定为水平方向，若选择下拉列表中的 Portrait（垂直放置），可将图纸方向确定为垂直方向。本例将图纸方向设定为常用的水平方向。

（3）设置标题栏

图纸参数还有一个非常重要的参数——标题栏，标题栏包含图纸所绘制原理图的名称、绘制日期、绘制作者、保存路径等，这是一张原理图的基本注释。可以通过图 1-14 所示对话框的 Sheet Options（图纸选项）中，单击 Options（选项）中 Title Block（标题栏）窗口左侧复选框，选中该项，然后单击窗口右侧的下拉按钮，从下拉列表中选择 Standard（标准），将标题栏确定为标准型，也可在下拉列表中选择 ANSI，则确定标题栏为美国国家标准协会模式，本例采用 Standard 标准型。

（4）栅格尺寸设置

在 Protel 99SE 中栅格类型主要有 3 种，即捕获栅格、可视栅格和电气栅格。捕获栅格是指光标移动一次的步长；可视栅格是指图纸上实际显示的栅格之间的距离；电气栅格是指自动寻找电气节点的半径范围。

图 1-14 中的 Grids 区用于设置栅格尺寸，其中 Snap 用于捕获栅格的设定，图 1-14 中设定为 10mil，即光标在移动一次的距离为 10mil；Visible 用于可视栅格的设定，此项设置只影响视觉效果，不影响光标的位移量。例如 Visible 设定为 20mil，Snap 设定为 10mil，则光

标移动两次走完一个可视栅格。

Electrical Grid 区用于电气栅格的设定，选中此项后，在画导线时，系统会以 Grid 中设置的值为半径，以光标所在的点为中心，向四周搜索电气节点，如果在搜索半径内有电气节点，系统会将光标自动移到该节点上，并且在该节点上显示一个圆点。

任务 4：元件的放置和调整

在完成任务 3 的工作后，现在可以利用 Protel 99SE 原理图设计系统来绘制三极管放大电路的原理图，任务重点是原理图设计流程，包括元件库的装入、元件的放置和调整等基本操作。

绘制一张原理图首先要把有关的元器件放置到工作平面上，在放置元器件前，必须知道每个元器件所在的位置，即元件库，并把相应的元件库装入到原理图设计管理器中，下面以图 1-1 为例讲解如何装入元件库。

1）装入元件库

三极管放大电路原理图中有 4 个电阻：R1、R2、R3、RE，3 个电解电容：C1、C2、C3，以及一个 NPN 型三极管和电源部分构成。Protel 99SE 是专业电路设计软件，供电子类个专业设计人员使用，它本身所提供的元件库包含了相当全面的元器件符号图。元件库的数量很多，元件的数量更多，初学者往往不知道到哪个元件库中去寻找所需的元器件。本例中都是常见的电阻、电容、三极管等，一般常见的元器件都能在 Protel 99SE 的 Schematic 中的 Miscellaneous Device.ddb 和 Protel DOS Schematic Libraries.ddb 两个元件库中找到。

（1）单击设计管理器顶部的 Browse Sch 标签，打开原理图管理浏览器窗口，如图 1-15 所示。

（2）单击图 1-15 窗口中的 Add/Remove 按钮，出现如图 1-16 所示的对话框。

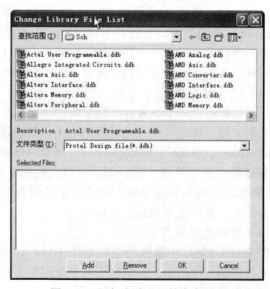

图 1-15　设计管理器窗口　　　　　图 1-16　添加和移出元件库窗口

（3）单击所需的库文件（后缀名为.ddb），本例中为 Miscellaneous Devices.lib。然后单击 Add 按钮，库文件基础现在【Selected Files】（选择文件）列表框中，成为当前活动的库文件。重复以上步骤，可将库文件 Protel DOS Schematic Libraries.ddb 添加到 Selected Files

中，成为当前活动的库文件。库文件添加完毕后，单击 OK 按钮，即可将上述库文件装入原理图设计管理器中，如图 1-17 所示。

（4）若想移出某个已经装入的库文件，只需在 Selected Files 列表框中选中该文件，单击 Add/Remove 按钮即可。

图 1-17　添加库元件

2）放置元件

（1）在元件库中查找所需的元件电阻 RES2，双击 RES2,将光标移至工作平面，此时就会发现元件 RES2 随着光标的移动而移动。将光标移到工作平面上的适当位置后，单击，即可将元件放置到当前位置，如图 1-18 和图 1-19 所示。

在放置元件时，如果记不清元件的确切名字，可以在元件浏览器的 Filter 栏中输入*或? 作为通配符代替元件名称中的一部分，例如*RES*后按 Enter 键，元件列表中将显示所有名称中含有 RES 的元件。

图 1-18　元器件选择

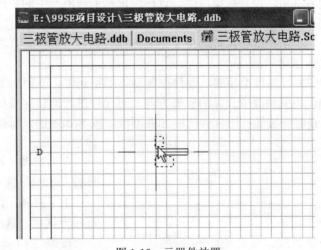

图 1-19　元器件放置

（2）此时，系统仍然处于放置元件状态，单击一次就会在工作平面的当前位置放置另一个相同的元件，按 Esc 键或右击，可以退出该命令状态，这时系统才允许用户执行其他命令。

（3）按上述操作依次在工作平面放入 4 个电阻（元件名 RES2）、3 个电容（元件名 CAPACITOR POL）、1 个 NPN 型三极管（元件名 NPN），如图 1-20 所示。

（4）元件刚放到工作平面上时，其位置、方向一般不太令人满意，这就需要对刚放置的元件的位置进行调整，即元件的移动和旋转。将鼠标对准想要操作的元件，单击，元件周围出现虚框，按住鼠标左键，将十字光标拖拽到合适的位置，松开鼠标左键即完成元件的移动。

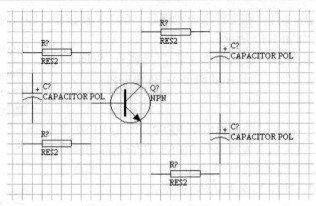

图 1-20　元器件放置结束

（5）在元件位置的调整过程中，常遇到需要移动多个元件的情况。Protel 99SE 提供了两种移动方式。

当所移动的元件较为分散时，执行菜单命令 Edit→Toggle Select，光标变十字形。将十字光标移到元件上，单击，目标元件周围会出现一黄色实线框，表明目标被选中，重复该操作即可选中多个元件。右击，退出选中元件命令。执行菜单命令 Edit→Move→Move Select，光标变为十字形。将十字光标对准已被选中的元件之一，单击左键并保持，将十字光标拖拽到合适位置，然后松开鼠标左键，即可完成多个目标元件的移动。

（6）当所移动的元件较为集中时，在元件区左上角单击鼠标左键并保持，拖拽光标到元件区右下角，松开鼠标左键，这样由鼠标拖拽所产生的矩形框内的所有元件都会被选中。执行菜单命令 Edit→Move→Move Select，光标变为十字形。将鼠标箭头对准已被选中的元件之一，单击左键并保持，将十字光标拖拽到合适的位置，松开鼠标左键，即可完成多个目标元件的移动。

（7）经过以上步骤，元件位置基本调整到位，下面为了方便走线，需要对元件进行旋转处理，也就是改变元件的放置方向。对元件进行旋转主要依靠快捷键来完成。

逆时针旋转：用鼠标选中元件不放，按 Space 键，每按一次键，选中的元件会逆时针旋转 90°。

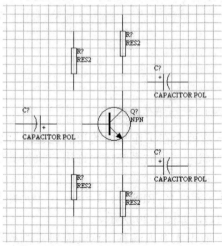

图 1-21　调整元件位置、方向

左右对调：用鼠标选中元件不放，按 X 键，每按一次键，选中的元件会左右对调一次。

上下对调：用鼠标选中元件不放，按 Y 键，每按一次键，选中的元件会上下对调一次。

按照（4）～（7）的步骤进行操作后，元件的位置和方向如图 1-21 所示。

（8）元件选中的撤销。当元件被选中并调整后，需要进行元件的选中状态撤销，以便用户进行其他操作。元件选中的撤销操作有 3 种。

选定区域内的元件选中状态的撤销：执行菜单命令 Edit→Deselect→Inside Area，通过拖拽鼠标选择区域，这样区域内的所有被选中元件的选中状态会撤销。

选定区域外的元件选中状态的撤销：执行菜单命令 Edit→Deselect→Outside Area，通过拖拽鼠标选择区域，这样区域外的所有原来被选中元件的选中状态会撤销。

所有元件选中状态的撤销：执行菜单命令 Edit→Deselect→All，所有原来被选中元件的选中状态会撤销。

（9）查找元件。放置元件时，如果不知道元件在哪个元件库中，可以使用 Protel 99SE 强大的搜索功能，查找所需的元件。单击如图 1-22 所示的界面中的 Find 按钮，打开如图 1-23 所示的查找元件对话框。

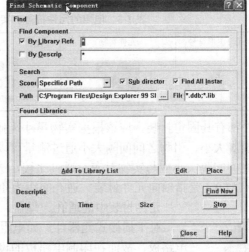

图 1-22　查找元件　　　　　　　　图 1-23　查找元件对话框

查找方案有两种：一种是按元件名查找，另一种是按元件描述查找。两种方案可以同时使用，通常采用第一种方案。

查找路径。在 Path 栏中填入库文件所在路径，通常是在 Design Explorer 99 SE\Library\Sch 目录中。搜索到所需元件后，单击 Place 按钮，可以放置该元件。

（10）要删除某个元件，可单击要删除的元件，按 Delete 键即可删除该元件，也可执行菜单命令 Edit→Delete，单击要删除的元件进行删除。如果要删除多个元件，可以通过拖拽鼠标，选中要删除的元件，按 Ctrl+Delete 键进行删除。

任务 5：元件的编辑

通过任务 4 的操作，元件已经放置在工作平面上，但元件的属性还不明确，这将给用户在阅读原理图时带来不便，更重要的是，也会给将来网络表的生成带来问题，并因此影响印制电路板的绘制。为此，必须对元件的属性进行编辑。本例中，元件有电阻、电容、三极管 3 种，其需要修改的属性主要包括标号、封装、型号、序号等。下面依次对原理图中的几个元件进行编辑。

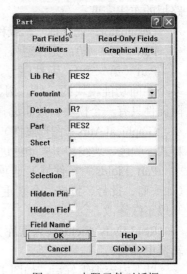

1）电阻元件属性的编辑

将光标对准要编辑的电阻元件，双击，打开如图 1-24 的电阻元件对话框。

在电阻元件对话框中，有以下几个选项卡。

Attributes（属性）选项卡，用于编辑元件属性，其中

图 1-24　电阻元件对话框

各项内容如下。

Lib Ref：库参考名（不允许修改），本例中电阻元件在元件中的名字为"RES2"；

Footprint：元件封装，封装是指元件实物安装到印制电路板（PCB）后，占有的位置图形，它关系到元件在印制电路板的安装问题。封装包括元件的外形轮廓及焊盘，它们的尺寸非常重要，元件封装在封装库文件中保存，供用户使用。本例中，电阻的元件符号、实物及封装对照见表 1-3。

表 1-3 电阻的元件符号、实物、封装

元件名称	元件图形符号	元件实物	元件封装图形	元件封装名称
电阻			Designator1 Comment	AXIAL0.4

每个元件都有其固定封装，应该根据实物尺寸选择封装，本例中的电阻，实物如表 1-1 所示，两个引脚大小、引脚之间间隔大小通过测量可以得到，所选元件封装图形的两个通孔大小、通孔之间间隔大小应与实物对应，通过比较，选择标准封装库中封装名 AXIAL0.4，封装名称 AXIAL0.4 是指轴向元件封装，通孔间距为 400mil，约等于 10mm。

元件封装中的通孔、焊盘，如图 1-25 所示。

图 1-25 元件封装中的通孔、焊盘

对于插接式元器件，如电阻，元器件的 2 根引脚应直接插入印制电路板，故而在印制电路板的设计过程中，依预先留下供元件引脚插接的空孔，即如图 1-25 所示的内部圆圈，称为通孔。通孔应该比所焊接的引脚直径略大一些，才能方便地插接元器件，但孔径也不能过大，否则在焊接时不仅用锡多，而且容易因为元器件的晃动而造成虚焊，使焊点的机械强度变差，一般而言，元件封装的通孔应比元件实物引脚大 0.1～0.2mm。

如图 1-25 所示的外部圆圈，称为焊盘，外部圆圈的直径称为焊盘外径。焊盘是印制电路板中，焊接元件引脚，不上绝缘漆而涂有助焊剂的圆形、椭圆形、矩形的铜皮，其作用在于帮助焊接元件。焊盘外径大小一般为通孔直径加上 0.8～1.2mm，焊盘外径太小，焊接时容易使焊盘脱落；焊盘外径太大，生产时需要延长焊接时间，用锡量大，而且会影响印制电路板的布线密度。

Designator：元件标号，或称为元件名称，这里输入 R1。

Part（第一个）：元件型号，输入 68K。

Part（第二个）：元件序号，输入 1，此项属性用于含有多个相同功能模块的元件，例如门电路，在本例中，一个电阻元件只有一个模块，故而选择默认值 1。

Graphical Attrs（图形属性）选项卡，用于对元件的方向、样式、颜色、边线和引脚颜色进行编辑，一般不做修改。

Part Fields（元件域）选项卡，用于对元件的文字说明（如厂商、批号、价格、个别重要的性能参数等）进行编辑，一般不做修改。

Read-Only Fields（只读库文件域）选项卡，只能在库编辑器中编辑。

以上内容编辑好后，如图 1-26 所示。

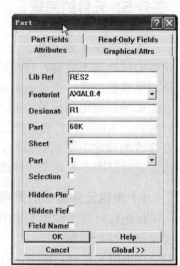

图 1-26 电阻元件属性对话框

按照以上步骤，根据图 1-1 完成 4 个电阻元件属性的编辑。

2）电容元件属性的编辑

电容元件属性的编辑与电阻元件基本相同，其元件符号、实物及封装对照见表 1-4。

表 1-4 电容的元件符号、实物、封装

元件名称	元件图形符号	元件实物	元件封装图形	元件封装名称
电容	C? CAPACITOR POL		Designator 2 Comment	RB.2/.4

电容元件的属性修改：将光标对准要编辑的电容元件，双击，打开电容元件属性对话框，根据电路原理图编辑电容元件的属性，如图 1-27 所示。

3）三极管元件属性的编辑

三极管元件属性的编辑与前两种元件基本相同，就不一一介绍了，常见元件封装可以通过查找本书附录得到。元件属性编辑之后得到的原理图如图 1-28 所示。

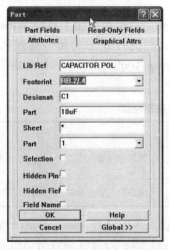

图 1-27 电容元件属性对话框

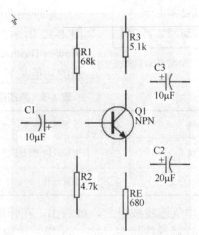

图 1-28 元件编辑结束

4）电源、接地的放置

元件编辑结束后，与图 1-1 比较发现，图中电路还缺少电源部分。通过执行菜单命令 Place→Power Port，放置电源符号，按 Tab 键，出现如图 1-29 所示的设置对话框。

Net：设置电源和接地符号的网络名，通常电源符号为 VCC，接地符号为 GND。

Style 下拉列表框：包括 4 种电源图形符号，3 种接地图形符号，如图 1-30 所示，在使用时根据实际情况选择一种图形符号接入电路。

电源部分的放置，还可通过执行菜单命令 View→Toolbars→Power Objects，得到如图 1-31 所示的电源、接地符号工具栏。

图 1-29 电源、接地符号属性对话框

图 1-30　电源、接地符号示意图　　　　图 1-31　电源、接地符号工具栏

任务 6：原理图的布线

一个电路图，只放置元件是没有任何意义的，还必须将这些元件按照设计要求连接起来，使它们之间具有一定的电气联系，这就是所谓的原理图布线。

图 1-32　原理图工具栏

1）连接元件

原理图布线的主要工具是原理图工具栏 Wiring Tools。如图 1-32 所示，该工具栏的打开与关闭可通过执行菜单命令 View→Toolbars→Wiring Tools 来实现。原理图工具栏中各按钮的功能见表 1-5。

表 1-5　原理图工具栏按钮功能

	画导线	Net1	设置网络标号		方块电路		放置节点
	画总线		电源及接地符号		方块电路输入/输出端口		忽略电路法则测试
	画总线分支		放置元件	D1>	电路输入/输出端口		PCB 布线到网络

单击画电气连线按钮，或右击，在弹出的快捷菜单中选择 Place Wire，光标变为十字形，系统处在画导线状态，按 Tab 键，出现如图 1-33 所示的导线属性对话框，在该对话框中可以修改连线的粗细和颜色。

将光标移至所需位置，单击，定义导线的起点，将光标移至下一个位置，再次单击，完成两点之间的连线，右击，结束此条连线。这时系统仍处于连线状态，可继续进行线路连接，若双击，则退出画线状态。

在连线转折过程中，按 Sapce 键可以改变连线的转折方式，有直角、任意角度、自动走线和 45°走线等方式。

在连线状态中，当光标接近引脚时，出现一个圆点，这个圆点代表电气连接的意义，此时单击，这条导线就与引脚之间建立了电气连接。

图 1-33　导线属性对话框

2）放置节点

节点用来表示两条相交导线是否在电气上连接。没有节点，表示在电气上不连接，有节点，则表示在电气上是连接的。

执行菜单命令 Tools→Preferences，在 Schematic 选项卡中，选中 Options 区的 Auto

Junction 复选框，则当两条导线呈 T 形相交时，系统将会自动放置节点，但对于呈十字交叉的导线，不会自动放置节点，必须采用手动放置，如图 1-34 所示。

单击节点，出现虚线框后，按 Delete 键可以删除该节点。

执行菜单命令 Place→Junction，或单击 按钮，进入放置节点状态，此时光标上带着一个悬浮的小圆点，将光标移到导线交叉处，单击，即可放下一个节点，右击，退出放置状态。当节点处于悬浮状态时，按 Tab 键，弹出节点属性对话框，在该对话框中可设置节点的大小。

连接后的三极管放大电路如图 1-35 所示。

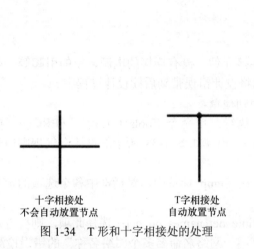

十字相接处
不会自动放置节点

T字相接处
自动放置节点

图 1-34　T 形和十字相接处的处理

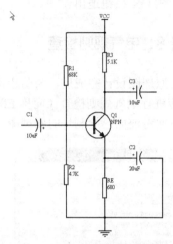

图 1-35　连线后的三极管放大电路

任务 7：放置文本说明

要给原理图加上文字说明，可执行菜单命令 View→Toolbars→Drawing Tools，得到如图 1-36 的绘图工具条。

1）放置标注文字

单击 T 按钮，按 Tab 键，调出文字属性对话框，如图 1-37 所示，在 Text 栏中输入需要

图 1-36　绘图工具条

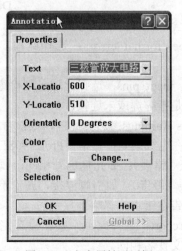

图 1-37　文字属性对话框

放置的文字"三极管放大电路"（最多为 255 个字符）；在 Font 栏中，单击 Change 按钮，可改变文字的字体及字号，设置完毕单击 OK 按钮结束。将光标移到需要放置标注文字的位置，单击，放置文字，右击，退出放置状态。

2）放置文本框

标注文字只能放置一行文字，当所用的文字较多时，可以采用文本框方式。单击圖按钮，进入放置文本框状态，按 Tab 键，出现属性对话框，选择 Text 右边的 Change 按钮，屏幕出现一个文本编辑区，在文本编辑区中输入文字，满一行，按 Enter 键换行，完成输入后，单击 OK 按钮退出。

任务 8：电气规则检查

在原理图设计完成后，为防止出现忘记连接元件、没有连接的电源、空的引脚等一些错误，应进行电气规则检查（简称 ERC），以免将设计错误带到后续设计过程中。

下面对前面已绘制号的原理图进行电气规则检查。

图 1-38　设计电气规则检查对话框

（1）执行菜单命令 Tools（工具）→ERC…（电气规则检查），出现如图 1-38 所示的设计电气规则检查对话框。

（2）在 Setup 标签中，对话框中各个选项的定义如下所示。

Multiple net names on net：选择此项，则检查过程中包含"同一网络名命名多个网络名称"的错误检测。

Unconnected net labels：选择此项，则检查过程中包含"未实际连接的网络标号"的警告性（Warning）检查。

Unconnected power objects：选择此项，则检查过程中包含"未实际连接的电源"的警告性检查。

Duplicate sheet numbers：选择此项，则检查过程中包含"电路图编号重号"错误检查。

Duplicate component designators：选择此项，则检查过程中包含"元件标号重号"错误检查。

Bus label format errors：选择此项，则检查过程中包含"总线标号格式错误"错误检查。

Floating input pins：选择此项，则检查过程中包含"输入引脚浮接"的警告性检查。所谓引脚浮接是指虚焊或未连接。

Suppress Warnings：选择此项，则检查过程中忽略所有警告性检查项。

总结：在电气规则检查中，Protel 99SE 把所有出现的问题归为两类。

ERROR（错误）：如元件标号相同，属于严重错误。

Warning（警告）：如引脚浮接，属于不严重错误。如果设置了 Suppress Warnings 项后，则类似的警告性错误将忽略不显示。

Create report：选择此项，则在检查完成后，自动将检查结果存放在报告文件中，文件名与原理图文件名相同。

Add error ...：选择此项，则在检查完成后，会自动在错误位置放置错误符号。

Descend into sheet ...：选择此项，则在检查完成后，将结果分解到每个原理图中，这个选项是针对层次原理图而言的。

Sheets to Netlist：在该项下拉列表中，可以选择要进行检查的原理图文件范围。检查当前原理图选 Active Sheet；检查当前项目文件选 Active Project；检查当前原理图及其子图选 Active Sheet Plus SubSheet。

Net Identifier Scope：在该项下拉列表中，可以选择网络识别器的范围。有 3 个选项，分别是 Net Labels and Ports Global（网络标号及 I/O 口在整个项目内全部电路中都有效）、Only Ports Global（只有 I/O 口在整个项目内有效）、Sheet Symbol/Port Connections（方块电路符号与 I/O 口相连接）。

对于本例，全部采用图 1-38 所示的选项。

（3）单击 OK 按钮，Protel 99SE 按设置的规则开始对原理图进行电气规则检查，检查完毕后，生成如图 1-39 所示的检查报告。

```
Error Report For : Documents\三极管放大电路.Sch    6-Jul-2011    11:46:02


End Report
```

图 1-39　电气规则检查报告

报告显示，所做原理图无错误、无警告报告，可以进入下一阶段。

任务 9：从原理图生成网络表

一般来说，设计原理图的最终目的是进行 PCB 设计，网络表在原理图和 PCB 之间起到一个桥梁作用。网络表文件（*.Net）是一张电路图中全部元件和电气连接关系的列表，包含电路中的元件信息和连线信息，是电路板自动布线的灵魂。

1）生成网络表

在生成网络表前，必须对原理图中所有的元件设置好元件标号（Designator）和封装形式（Footprint），这一部分之前已经完成了。

执行菜单命令 Design→Create Netlist，出现如图 1-40 所示的生成网络表对话框，对话框中的具体内容如下所示。

（1）Output Format 下拉列表框。用来设置网络表格式，一般选择 Protel。

（2）Net Identifier Scope 下拉列表框。用于设置网络标号、子图符号 I/O 口、电路 I/O 端口的作用范围，共有 3 个选项。

Net Labels and Ports Global 代表网络标号和电路 I/O 端口在整个项目文件中的所有电路图中都有效；Only Ports Global 代表只有 I/O 端口在整个项目文件中有效；Sheet Symbol/Port Connections 代表在子图符号 I/O 口与下一层的电路 I/O 端口同名时，二者在电气上相通。

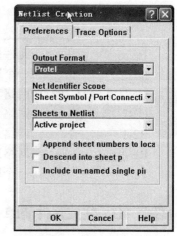

图 1-40　生成网络表对话框

（3）Sheets to Netlist 下拉列表框。用于选择产生网络表的范围，Active sheets（当前电路）、Active project（当前项目文件）、Active sheet plus sub sheets（当前电路图与子图）。

（4）Append sheet numbers to local net name 复选框。选中则在生成网络表时，将电路图的编号附在每个网络名称上，以识别该网络的位置。

（5）Descend into sheet parts 复选框。选中则在生成网络表时，系统将元件的内电路作为电路的一部分，一起转化为网络表。

（6）Include un-named single pin nets 复选框。选中此复选框，则在生成网络表时，将电路图中没有名称的引脚，也一起转换到网络表中。

本例中，全部采用图 1-40 中的选项。

2）网络表的格式

单击 OK 按钮，Protel 99SE 生成网络表并自动打开。Protel 格式的网络表是一种文本文档，由两部分组成。第一部分为元件描述段，以"["和"]"将每个元件单独归纳为一项，每项包括元件名称、标称值和封装形式；第二部分为电路的网络连接描述段，以"（"和"）"把电气上相连的元件引脚归纳为一项，并定义一个网络名。

如图 1-41 所示是本例网络表文件的部分内容，其中的含义如下所示。

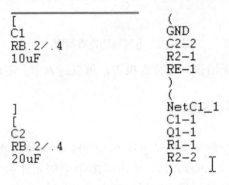

图 1-41　网络表部分内容

[	/元件描述开始符号
C1	/元件标号为 C1（Designator）
RB.2/.4	/元件 C1 的封装（Footprint）
10uF	/元件 C1 的标称值 10uF（Part Type）
	/三空行对元件作进一步说明，可用可不用
]	/元件描述结束符号
(	/一个网络的开始符号
GND	/网络名称
C2-2	/网络连接点：R1 的 1 脚
R2-1	/网络连接点：V1 的 1 脚
RE-1	/网络连接点：RE 的 1 脚
)	/一个网络结束符号

任务 10：生成元件清单

电路原理图绘制完毕，需要打印输出原理图文件，及产生一份元器件清单，以便采购或装配。

执行菜单命令 Reports→Bill of Material，可以产生元件清单，它给出电路图中所用元件的数量、名称、规格等。

执行该命令，屏幕弹出对话框提示选择项目文件（Project）或图纸（Sheet），根据需要选择；产生的清单格式选择 Protel Format 格式（产生文件*.bom），或选择 Client Spreadsheet 格式（产生文件*.xls），如图 1-42 所示，本例中，选择 Client Spreadsheet 格式。

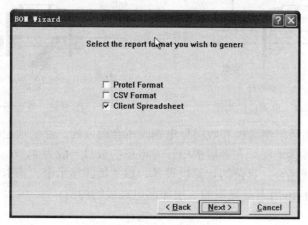

图 1-42   清单格式选择

其他均按默认设置，直接单击 Next 按钮进行下一步操作；最后单击 Finish 按钮结束操作，系统产生元件清单，如图 1-43 所示。

	A	B	C	D	E	F	G	H	I	J
1	Part Type	Designator	Footprint							
2	4.7K	R2	AXIAL0.4							
3	5.1K	R3	AXIAL0.4							
4	10uF	C3	RB.2/.4							
5	10uF	C1	RB.2/.4							
6	20uF	C2	RB.2/.4							
7	68K	R1	AXIAL0.4							
8	680	RE	AXIAL0.4							
9	NPN	Q1	TO-92B							
10										
11										

图 1-43   元件清单

任务 11：认识印制电路板

经过之前的工作，现在可以开始设计印制电路板的工作，本任务将介绍什么是印制电路板。

印制电路板是由绝缘板和附着在其上的导电图形（如元件引脚焊盘、铜膜走线）以及说明性文字（如元件轮廓、型号、参数）等构成的。根据导电图形的层数不同，印制电路板可以分为以下几类。

（1）单面板是由一面敷铜的绝缘板构成，其结构如图 1-44 所示，一般包括"焊接面"和"元件面"的丝印层两大部分。在 Protel 99SE 的 PCB 编辑器中"元件面"被称为 Top（顶层），"焊接面"被称为 Bottom（底层）。单面板的特点是结构简单，生产成本低，电路相对简单的电子产品一般采用单面板布线。

（2）双面板是由两面敷铜的绝缘板构成的，其结构如图 1-45 所示，它包括底层（焊接面）和顶层（元件面）。由于可以两面走线，双面板的布线相对容易，布通率高，多数电子产品，如 VCD 机、DVD 机、单片机控制板等均采用双面板布线。双面板的特点是价格适中，布线容易，是制作印制电路板比较理想的选择。

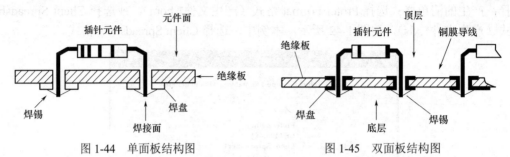

图 1-44　单面板结构图　　　　　　　　图 1-45　双面板结构图

（3）多层板是由数层绝缘板和数层导电铜膜压合而成的，除了顶层和底层外，还包括中间层、内部电源层和接地层。在多层板中，导电层的数目一般为 4、6、8、10 等，主要适用于复杂的高密度布线场合，目前的计算机设备，如主板、显示卡、声卡等均采用 4 层或 6 层印制电路板。如图 1-46 所示是典型的 4 层印制电路板结构图。

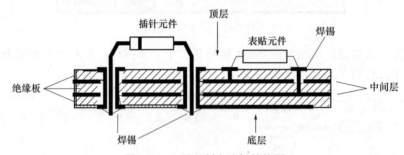

图 1-46　4 层印制电路板结构图

从图 1-46 中可以看出，一个典型的 4 层印制电路板包括顶层（Top）、两个中间层（Mid）和一个底层（Bottom）。顶层和底层用于布置印制导线，中间层一般是由整片铜膜构成的电源层或接地层。层与层之间是绝缘层，用于隔离各个板层，使之不受干扰。

多层板的特点是布线容易，但制作工艺复杂，产品合格率低，生产成本高。

本例所需的元件较少，采用单面板就可以满足设计要求，故而本例中采用的就是单面板。

任务 12：了解 PCB 编辑器的工作环境

在 Protel 99SE 状态下，执行菜单命令 File→New，在出现的对话框中，双击 PCB Document 图标，即可创建新的 PCB 文件，打开该文件即可进入印制电路板（PCB）编辑器。如图 1-47 所示，该界面主要由以下几部分构成。

其中，放置工具栏可以通过执行菜单命令 View→Toolbars→Placement Tools 打开和关闭。

1）菜单栏

菜单栏包含了 File（文件）、Edit（编辑）、View（浏览）、Place（放置）、Design（设计）、Tools（工具）、Auto Route（自动布线）等菜单。

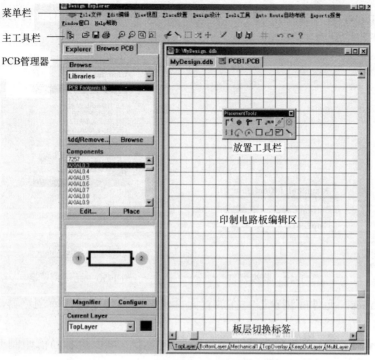

菜单栏

主工具栏

PCB管理器

放置工具栏

印制电路板编辑区

板层切换标签

图 1-47　印制电路板（PCB）编辑窗口

2）主工具栏

主工具栏与原理图编辑器相似，在印制电路板的编辑、设计过程中，除了可以使用菜单命令操作外，PCB 编辑器也将一系列常用菜单命令以工具按钮的形式罗列在主工具栏内，单击主工具栏上的某一"工具"按钮，即可迅速执行相应的操作。

3）PCB 管理器（Browse PCB）

该管理器用于印制电路板中元件封装库（Library）、网络（Nets）、网络分类（Net Classes）、元件（Components）、元件分类（Component Classes）的管理。

（1）Nets。网络浏览器，显示印制电路板上所有的网络名，如图 1-48 所示。

在此框中选中某个网络，单击 Edit 按钮可以编辑该网络属性；单击 Select 按钮可以选中网络，单击 Zoom 按钮可以放大显示所选取的网络，同时在节点浏览器中显示该网络的所有节点。

选择某个节点，单击此栏下的 Edit 按钮可以编辑当前焊盘的属性；单击 Jump 按钮可以将光标跳跃到当前节点上，一般在印制电路板比较大时，可以用它查找元件。

在节点浏览器的下方，还有一个微型监视器屏幕，如图 1-49 所示，在监视器中，虚线框为当前工作区所显示的范围，此时在监视器上显示出所选择的网络，若单击监视器下的 Magnifier 按钮，光标变成了放大镜形状，将光标在工作区中移动，便可在监视器中放大显示光标所在的工作区域。在监视器的下方，有一个 Current Layer 下拉列表框，用于选择当前工作层，在被选中择的层边上会显示该层的颜色。

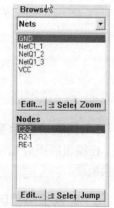

图 1-48　Nets（网络）和
Nodes（节点）浏览器

（2）Components。元件浏览器，显示当前印制电路板图中的所有元件名称和选中元件的所有焊盘，如图 1-50 所示。

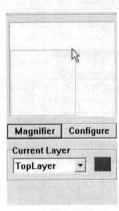

图 1-49　监视器　　　　　　　　　　图 1-50　元件浏览器

（3）Libraries。元件库浏览器，在放置元件时，必须使用元件库浏览器，这样才会显示元件的封装名。

（4）Violations。选取此项设置为违规错误浏览器，可以查看当前印制电路板上的违规信息。

（5）Rules。选取此项设置为设计规则浏览器，可以查看并修改设计规则。

4）放置工具栏

放置工具栏内的工具名称如图 1-51 所示。

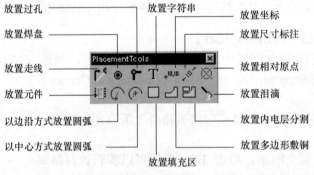

图 1-51　放置工具栏按钮功能

5）板层切换标签

在编辑区下方显示了目前已打开的工作层和当前所处的工作层（单击板层切换标签可以切换板层）。

6）印制板编辑区

在 Protel 99SE 的 PCB 编辑器中，可以选择英制（单位为 mil）或公制（单位为 mm）两种长度计量单位，彼此之间的换算关系为 1mil=0.0254mm。

在新建的 PCB 文件中，默认单位是英制（mil），而本项目工艺要求的印制电路板尺寸是公制，所以需要进行转换。转换方法有以下两种。

第一种方法：直接按 Q。

第二种方法：执行菜单命令 View（视图）→Toggle Units（公/英制转换）。

任务 13：完成 PCB 设计

1）确定 PCB 的工作层

因为本例要求设计单面板，所以首先设置单面板需要的工作层。

顶层（Top Layer）：用来放置元件，因为本例中的元件都是插接式封装，故而元件都放在顶层。

底层（Bottom Layer）：用来布线。

机械层（Mechanical Layer）：印制电路板的物理边界。

顶层丝印层（Top Overlay）：显示元件的轮廓及标注字符。

多层（Multi Layer）：放置焊盘。

禁止布线层（Keep Out Layer）：绘制印制电路板的电气边界。

本例中，采用默认设置就可以，不用修改。

2）装入元件封装库

本例中的元件包含 3 种，即电阻、电容、三极管，这三种元件封装在 Protel 99SE 自带的标准库 Advpcb.ddb 中就可找到，只需把该元件封装库装入 PCB 设计环境中。

执行菜单命令 Design→Add/Remove Library（或单击主工具栏中的调入元件库工具按钮），在弹出的对话框（图 1-52）中，将目录切换到/Design Explorer 99SE\Library\PCB\ Generic Footprints，在库文件列表栏中双击所要调入的库文件（Advpcb.ddb）或选择后单击 Add 按钮，所调入的库文件即出现在选中文件列表栏中，单击 OK 按钮关闭对话框。

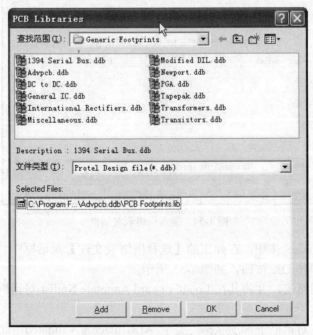

图 1-52 PCB 元件库装入和删除

3）绘制电气边界

印制电路板的电气边界是系统进行自动布局和自动布线的范围。自动布局，利用 Protel

99SE 系统提供的自动布局功能将元件封装散开，但自动布局的结果一般不能直接使用。自动布线，利用 Protel 99SE 系统提供的自动布线功能将元件封装按电气关系连接起来。

因为自动布局的结果不能直接使用，所以一般由用户手动完成布局工作，称为手工布局，本例采用手工布局；布线方法有很多种，如完全手工布线、完全自动布线、先自动布线后手工调整等，本例采用完全自动布线。

图 1-53　电气边界

单击 Keep Out Layer（禁止布线层）工作层标签，执行菜单命令 Place→Track，或单击 按钮，进入放置走线状态，画出印制电路板的轮廓线，本项目中为一个随意形状，大小能容纳所有元件即可，如图 1-53 所示。

如果使用鼠标画线，应在拐弯处双击，如果使用键盘中的箭头键→←↑↓画线，在拐弯处按两下 Enter 键。

4）装入网络表

装入网络表，实际上就是将原理图中元件对应的封装和各个元件之间的连接关系装入到 PCB 设计系统中。

执行菜单命令 Design→Netlist，弹出如图 1-54 所示的 Load/Forward Annotate Netlist（装入网络表）对话框。

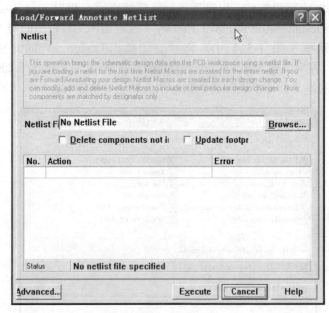

图 1-54　装入网络表对话框

在图中单击 Browse 按钮，在弹出的【选择网络表文件】对话框中，选择根据原理图创建的网络表文件，单击 OK 按钮，如图 1-55 所示。

系统自动生成网络宏，并将其在 Load/Forward Annotate Netlist 对话框中列出，如图 1-56 所示。

若无错误，则在对话框下部的状态栏显示 ALL macros validated，此时单击 Execute 按钮，则将元件封装和连接关系装入到 PCB 设计系统中，如图 1-57 所示。若有错误，则 Status 状态栏中会显示共有几处错误，在 Error 列中会显示相应的错误信息，这时需返回原理图，修改错误后，重新生成网络表，在 PCB 设计系统中重新装入网络表。

图 1-55　【选择网络表】对话框

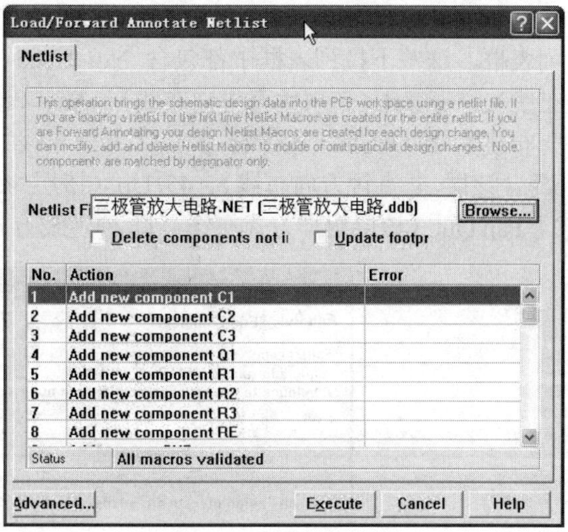

图 1-56　装入网络表对话框

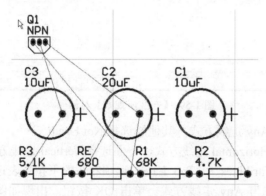

图 1-57　装入网络表后的 PCB 设计窗口

5）设置自动布线层

执行菜单命令 Design→Rules，得到如图 1-58 所示的【设计规则】对话框。

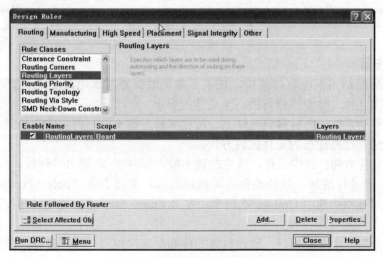

图 1-58　【设计规则】对话框

双击 Rule Classes 列表框中的 Routing Layers 选项，弹出如图 1-59 所示的【布线层规则】对话框，在 Rule Attributes 选项中，包含各个层的走线方式，各个层的右边都有一个对应的下拉列表框，这些下拉列表框中都包含 Not Used（该层不进行布线）、Horizontal（该层水平方向布线）、Vertical（该层垂直方向布线）、Any（该层任意方向布线）、1 O Clock（该层 1 点钟方向布线）、2 O Clock（该层 2 点钟方向布线）、4 O Clock（该层 4 点钟方向布线）、5 O Clock（该层 5 点钟方向布线）、45 Up（该层 45°向上布线）、45 Down（该层 45°向下布线）、Fan Out（该层扇形方式布线）11 种走线方式，用户可以根据实际情况选择。

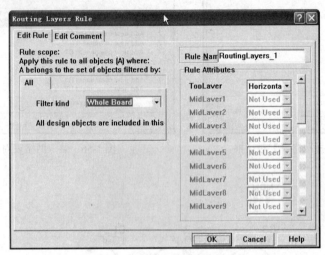

图 1-59 【布线层规则】对话框

单面板：底层选择 Any 走线方式，其他层选择 Not Used。

双面板：一面选择 Horizontal 走线方式，一面选择 Vertical 走线方式。

本例中，将 Rule Attributes 中 Top Layer 选项右边的下拉列表选为 Not Used，Bottom Layer 选项右边下拉框选为 Any 走线方式。单击 OK 按钮。出现如图 1-60 所示的两种布线层规则，将新的布线层规则保留，选中要删除的布线层规则，单击 Delete 按钮删除，单击 Close 按钮完成设置。

图 1-60 两种布线层规则

6）手动布局

自动布局后的结果不能直接使用，在手工布局时既要考虑电路功能也要考虑性能指标的，还要满足工艺性、检测维修方面、美观性的要求。

（1）手工移动元件。光标移到元件上，按住鼠标左键不放，将元件拖动到目标位置。这种方法对没有进行线路连接的元件比较方便。

（2）旋转元件方向。选中元件，按住左键不放，同时按 X 键水平翻转；按 Y 键垂直翻转；按 Space 键进行旋转，旋转的角度可以通过执行菜单命令 Tools→Preferences 进行设置，在弹出的对话框中选中 Options 选项卡，在 Rotation Step 中设置旋转角度，系统默认为 90°。

本例中，是第一个实际项目，故而只要元件布局疏密得当、排列整齐，就可以了，如图 1-61 所示。

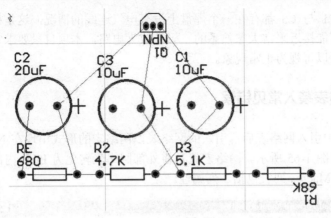

图 1-61　布局完成后的元件

7）自动布线

执行菜单命令 Auto Route→All，弹出如图 1-62 所示的【自动布线器设置】对话框。采用默认设置，单击 Route All 按钮，完成自动布线。如图 1-63 所示为【设计管理器信息】对话框，该对话框中一共 4 个提示信息，Routing completion（布线成功率）、Connections routed（已布连接数量）、Connections remaining（未布线连接数量）、Elapsed routing time（布线耗费时间），本例中，布线成功率为 100%，已布线 10 根，未布线 0 根，布线耗费时间近似为 0。

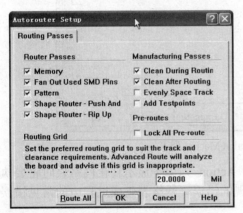

图 1-62　【自动布线器设置】对话框

图 1-63　【设计管理器信息】对话框

单击 OK 按钮，自动布线效果如图 1-64 所示。

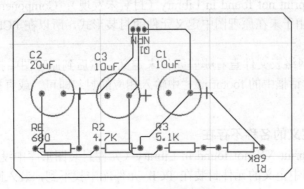

图 1-64　自动布线效果

注意：元件 C1 与 C3 都存在一个焊盘上没有电气连线的情况，这是根据原理图导入得到的真实图，尽可能接近平常大家熟悉的三极管放大电路，本项目只要求掌握设计方法，不要求实际制作，所以可视为正常现象。

任务 14：网络表装入常见错误

在 PCB 文件中引入网络表后，引入的网络表以网络宏的形式出现在 Netlist Macros（网络宏）列表中，如图 1-65 所示。网络宏就是将外部网络表转化为 PCB 内部网络表时需要执行的操作。Netlist Macros 列表包括 3 列属性。

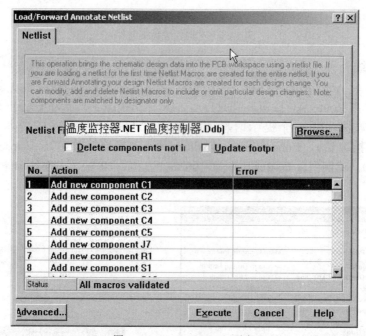

图 1-65　Netlist Macros 列表

No.列用于显示转化网络表的步骤编号；Action 列用于显示转化网络表时将要执行的操作内容；Error 列用于显示转化网络表中出现的错误。网络表生成过程中的常见错误说明如下所示。

1）原理图中未定义元件的封装形式

错误提示：Footprint not found in Library（封装未发现）；Component not found（未发现元件）。错误原因：由于未在原理图中定义元件的封装形式，所以在 PCB 中装入网络表时找不到对应元件的封装。

解决办法:打开网络表文件查看哪些元件未定义，然后到原理图中找到相应的元件，双击该元件，在属性对话框中的 footprint 栏中输入相应的封装即可。或直接在网络表中对该元件增加封装。

2）PCB 封装定义的名称不存在

错误提示：Footprint XX not found in Library（元件封装图形库中没有 XX 封装形式）。错误原因：在原理图中定义的元件封装在 PCB 元件库中找不到，装入网络表时找不到对应的元件封装；在 PCB 文件中未调入相应的 PCB 元件库或 PCB 库中的元件名与原理图中定义的名称不符。

解决办法：在 PCB 文件中确认所需要的 PCB 元件库是否都已调入，并核对原理图中元件封装名称是否与 PCB 元件库的名称一致。

3）元件引脚名称与 PCB 库中封装引脚名称不同

错误提示：Node not found（没有发现焊盘）。错误原因：某些元件的标号、封装名称都一致，但由于原理图中元件库定义的元件引脚名称与 PCB 封装定义的引脚名称不同，导致装入错误。如原理图库中的 Miscellaneous Devices.Lib 库中的二极管和三极管，其引脚的定义与 PCB 库中相应封装的引脚的定义不一致而导致出错。如二极管中引脚定义为 A、K，若使用 PCB 通用库 PCB Footprints.Lib 封装 diode0.4、diode0.7，其封装焊盘号定义却为 1、2，所以装入此元件时就会发生二极管连接关系丢失现象，元件引脚名称应与 PCB 库中封装的引脚名称相一致。

解决办法：修改原理图库的引脚号或 PCB 库中的元件的焊盘号，使之相互对应。

4）原理图中元件的引脚数多于 PCB 封装引脚数

错误提示：Node not found（没有发现焊盘）。错误原因：由于原理图库中元件的引脚数与 PCB 库中封装的引脚数没能一一对应。

解决办法：回到原理图中重新定义元件的封装即可，使元件引脚数与封装引脚数、引脚名称一致。

5）元件标号重复

这类错误没有提示，往往比较隐蔽，较难发现。错误原因：元件标号重复所致。解决办法：回到原理图中修改重复元件标号。网络表装入错误经常发生，主要是关于封装错误。发现错误后，应先浏览，后排除。宏命令执行是有顺序的，前面的宏命令有误，就会引起后续的错误。错误的排除应抓住根源，这样才能快速有效地解决问题。同时需要在设计原理图和编辑 PCB 元件库时尽量规范，细心，以减少发生错误。

任务 15：编制工艺文件

1）工艺文件的概念

在 PCB 图设计完成后，一般都交由专业化的生产厂家制造。在委托专业厂家制板时，应提供 PCB 的技术文件，技术文件通常包括版面的设计文件和有关技术要求说明。

这些技术文件要求不但是与厂家签订合同的附件，成为厂家决定收费标准、安排生产计划、制订制板工艺过程的依据，也是双方交接的质量认定标准。

制板的技术要求，应该文字准确、清晰、有条理，主要包含以下几个方面：

① 板的材质、厚度、外形、尺寸和公差等；

② 焊盘的外径、内径、线宽、安全间距和公差等；

③ 印制导线和焊盘的镀层要求（指镀金、银、锡等）；

④ 板面阻焊剂的要求；

⑤ 其他具体要求。

2）编制本项目工艺文件

① 单面板说明。单面板如果画图时图层选择错误，或图层的镜像选择错误，容易出现

做成反图板的情况，一旦出现这种情况，很多时候（PCB 中包含贴片、双列直插芯片等）会造成电路板报废，所以必须强调该 PCB 是单面板，其图形是透视图。

② 板厚 1.6mm。印制电路板的厚度决定印制电路板的机械强度，同时影响成品的安装高度，所以加工时需注明板厚。通用板厚是 1.6mm，如果未注明，一般专业厂家会按 1.6mm 处理，考虑到本项目电路中无较大、较重元件，故选择通用板厚就可以了。

③ 板材型号为 FR-4。板材型号代表板的材种类和性能，应该加以标注。FR-4 型是常见的单、双面板材，是由玻璃纤维布浸以阻燃型树脂，经热压而成的覆铜层压板。

④ 焊盘外径、内径。各焊盘外径、内径在 PCB 图中已经标注。

⑤ 字符颜色。白色为通用色。

⑥ 阻焊颜色。绿色为通用色。

⑦ 制板数量。统一安排。

⑧ 工期。根据生产厂家速度和制板数量决定，可变。

任务 16：项目练习

按照图 1-66 画一个电路，要求如下。

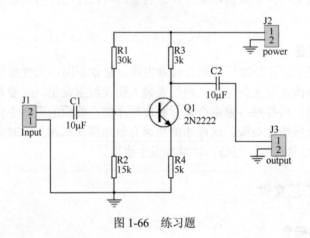

图 1-66　练习题

（1）要求图纸尺寸为 A4。

（2）画完电路后，要按照图中元件参数逐个设置元件属性，并进行电气规则检查。

（3）形成该电路的网络表。

（4）根据工艺要求设计 PCB，PCB 工艺要求如下所示。

① 印制电路板的尺寸，自定。

② 保证单面板设计。

（5）如任务 15 所示，完成工艺文件的编写。

任务 17：项目评价

项目评价见表 1-6。

表 1-6　项目评价

学习收获	任务 1:
	任务 2:
	任务 3:
	任务 4:
	任务 5:
	任务 6:
	任务 7:
	任务 8:
	任务 9:
	任务 10:
	任务 11:
	任务 12:
	任务 13:
	任务 14:
	任务 15:
	任务 16:
综合提升	
建议要求	
教师点评	

项目 2

无线话筒电路原理图与 PCB 设计

本项目目的：利用电子线路 CAD 软件 Protel 99SE 完成无线话筒电路原理图和印制电路板的设计，如图 2-1 所示为无线话筒电路的原理图。本项目与前一个项目相比，元件种类增多，对印制电路板设计的要求提高。在元件种类方面，增加了电感、开关、话筒、天线等；在印制电路板设计方面，增加了对元件封装的绘制，元件的布局设计等。

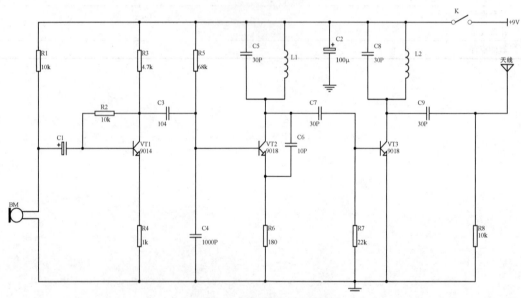

图 2-1 无线话筒电路原理图

本项目重点：利用 CAD 软件正确绘制电路原理图，并确定图 2-1 中元器件的封装。如 Protel 99SE 元件封装库中找不到与实际元件相符的元件封装，应该根据实际元器件绘制元件封装，掌握工艺文件的编写，项目描述见表 2-1。

表 2-1 项目描述

项目名称：无线话筒电路		课时	
学习目标			
技能目标		专业知识目标	
能够熟练操作 Protel 99SE 软件； 熟悉原理图的绘制过程； 熟悉元件的放置、调试和编辑；		熟悉印制电路板制作流程； 掌握元件、封装的概念； 掌握编写工艺文件的意义	

技能目标	专业知识目标
能够改正原理图绘制过程中的常见错误； 熟练生成网络表并导入 PCB 设计环境； 了解元件布局的技巧； 掌握元件封装的绘制方法； 掌握工艺文件的编写	熟悉印制电路板制作流程； 掌握元件、封装的概念； 掌握编写工艺文件的意义
主要学习内容	教学方法与手段
1. 项目资料信息收集； 2. 确认操作流程； 3. 整理项目材料及设备使用计划； 4. 熟悉整个操作过程； 5. 项目实施； 6. 设计检测； 7. 工艺文件的编写	项目+任务驱动教学； 分组工作和讨论 ； 实践操作； 现场示范； 生产企业顶岗实习

教学材料	使用场地	工具	学生知识与能力准备	教师知识与能力要求	考核与评价
电子书籍、项目计划任务书、项目工作流程、厂家设备说明书	实训室、企业生产车间	计算机、快速制板系统、手动转头、高精度数控	操作安全知识、电子专业基础知识、基本电路识图能力、熟悉 Protel 99SE 的操作	具有企业工作经历、熟悉整个项目流程、3 年以上教学经验	项目开题报告；项目策划；流程制定；产品质量；总结报告；顶岗实习表现

【项目分析】

项目要求如下所示。

（1）根据实际电路完成原理图设计并添加参数。

（2）根据实际元件确定并绘制所有元件封装。

（3）根据原理图生成网络表文件。

（4）根据工艺要求绘制单面 PCB，PCB 工艺要求如下所示。

① 印制电路板尺寸为 40mm×80mm；

② 保证单面板设计；

③ 地线、电源线宽度设置为 1.5mm，其他数据线宽度设置为 1mm。

（5）编制工艺文件。

【项目任务实施】

任务 1：原理图的绘制

执行菜单命令 File→New，输入文件名（扩展名默认为*.ddb），单击 Browse（浏览）按钮，选择合适的位置。本例中，文件名为无线话筒电路，文件位置存放在 E:\99SE 项目设计中。

双击图中的 Documents 文件夹后，执行菜单命令 File→New，单击 Schematic Document 原理图编辑器图标。单击 OK 按钮或双击该图标即可完成新的原理图文件的创建。在创建过程中，可对该文件进行命名，默认名为 Sheet1.Sch，本例将其命名为"无线话筒电路.Sch"。

执行菜单命令 Design→Option，在 Standard Style（标准风格）选项窗口的右侧，单击下拉列表，选择图纸大小为 A4。

根据实际电路绘制原理图，元件库采用的是 Miscellaneous Devices.lib。得到如图 2-2 所示的原理图文件。

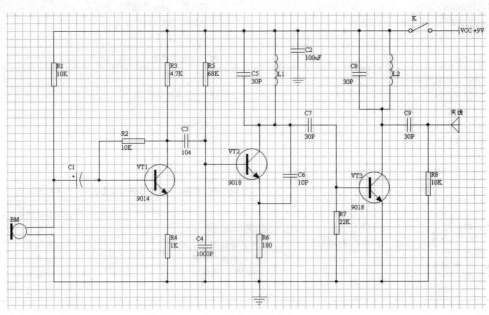

图 2-2　无线话筒电路原理图

任务 2：元件封装的绘制

经过上一个任务，已经完成了电路原理图的绘制，并添加了元件的型号，但元件的封装尚未确定。本项目电路原理图中，需要添加封装的元器件有电阻、电感、有极性电容、无极性电容、三极管、开关以及话筒，所有元器件封装见表 2-2。

表 2-2　所有元件封装

元器件名称	封装（Footprint）
电阻	AXIAL0.4
有极性电容	RB.2/.4
无极性电容	RAD0.1
三极管	TO-92B
电感	自制
开关	自制
话筒	自制

其中电阻、有极性电容、无极性电容、三极管这 4 个元器件的封装在元件封装库 Advpcb.ddb 中可以找到，其他元件的封装需要用户根据实际元件自制。

设计 PCB 图最关键的是要正确绘制元件的封装，使元件放置在 PCB 的位置准确，安装方便，而正确绘制元件封装的前提是根据实际元件确定封装参数。

确定元件封装参数的方法主要有两种。一种是根据生产厂家提供的元件外观数据文件，另一种是对元件进行实际测量。本节主要介绍通过实际测量来确定元件封装参数。

1）根据实际元件确定封装参数的原则

确定元件封装最重要的原则是：对于具有软引线的元件，引脚最好直接插入焊盘孔中（如电容、三极管、二极管等），或经过简单操作即可直接插入焊盘孔中（如电阻）；对于具有硬引线的元件（如开关、蜂鸣器等），引脚间的距离与焊盘间的距离要完全一致。

元件封装四要素如下所示。

（1）元件引脚间的距离。

（2）焊盘内径与外径。

（3）元件轮廓。

（4）元件封装引脚与元件图形符号引脚的对应。

下面以本项目中的实际元件作为范例进行讲解，首先是电感元件封装的绘制。

2）电感元件封装的绘制

元件实物如图 2-3 所示。

本项目中的电感采用直径为 1mm 的导线，在直径 5mm 左右的骨架上缠绕 6～7 圈而成，抽去骨架成为空心线圈，并适当拉长得到。下面通过实物决定元件封装的参数。

（1）元件引脚间的距离。通过实际元件的测量得到元件引脚间的距离为 10mm。

（2）焊盘内径与外径。通过测量，导线直径为 1mm，对于插接式元件，元件焊盘的内径应比所焊接的

图 2-3　元件实物图

引线直径略大，一般增加 0.1～0.2mm 就可以了，本元件焊盘的内径为 1.1mm。

焊盘的外径一般在焊盘内径的基础上增加 0.8～1.2mm 就可以了，本元件焊盘外径设置为 2.1mm。

（3）元件轮廓。元件轮廓尺寸不需要非常准确，但一般不小于实际轮廓在 PCB 上的投影尺寸。本元件轮廓大小经过测量为 7.5mm×12mm。

（4）元件封装引脚与元件图形符号引脚的对应。元件封装参数除了机械尺寸要求准确之外，元件封装引脚与元件图形符号引脚的对应也十分重要，本项目中的电感的 2 个焊盘没有极性，故而只需设置 2 个焊盘，序号分别为 1 和 2 就可以了。

下面开始制作电感元件的封装。双击 Documents 文件夹，执行菜单命令 File→New，单击 PCB Library Document 编辑器图标。单击 OK 按钮或双击该图标即可完成新的 PCB 封装库文件的创建，创建过程中，可对该文件进行命名，默认名为 PCBLIB1.LIB，本例将其命名为"项目二封装库.LIB"，如图 2-4 所示。

图 2-4　建立元件封装库

双击"项目二封装库.LIB"，打开如图 2-5 所示的元件封装库编辑窗口，在元件库中，程序已经自动新建了一个名为 PCBCOMPONENT_1 的元件，可以执行菜单命令 Tools→Rename Component 来更名。

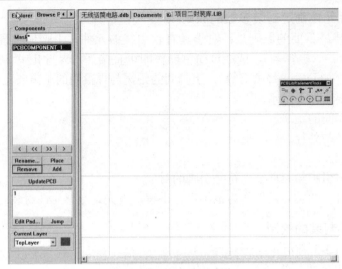

图 2-5　元件封装库编辑窗口

单击 Components 窗口中的 Rename 按钮，设置元件封装的名称为"电感"。

PCB 元件库编辑器中的元件库管理器与原理图库元件管理器类似，在设计管理器中选中 Browse PCBLib 可以打开元件库管理器（图 2-6），在元件库管理器中可以对元件进行编辑操作，执行菜单命令 View→Toolbars→Placement Tools，弹出如图 2-7 所示的【元件封装放置】工具栏。

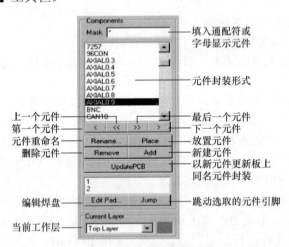

图 2-6　元件库管理器

图 2-7　【元件封装放置】工具栏

【元件封装放置】工具栏中各图标的作用见表 2-3。

表 2-3　【元件封装放置】工具栏中各图标的作用

≈	放置导线	⌒	通过边界放置圆弧
●	放置焊盘	⊙	通过圆心放置圆弧
⌐	放置过孔	⊘	通过边界放置任意角度圆弧
T	放置字符串	⊘	放置完整圆
+10,10	放置坐标	▨	放置填充
⤢10	放置标注	▦	根据剪切板内容，建立一个新的阵列

按 Q 键，将英制单位转换为公制单位，执行菜单命令 Place→Pad 放置焊盘，或单击 ⊙ 按钮，按 Tab 键，弹出焊盘的【属性】对话框如图 2-8 所示，在该对话框中设置如下参数。

焊盘外径 X-Size 为 2.1mm；Y-Size 为 2.1mm；内径 Hole Size 为 1.1mm；焊盘形状 Shape 为 Round；焊盘序号 Designator 为 1；所在位置 X-Location 为 0mm；Y-Location 为 0mm，其他参数采用默认值。

执行菜单命令 Place→Pad 放置焊盘，或单击 ⊙ 按钮，按 Tab 键，弹出焊盘的【属性】对话框，设置参数如下。焊盘外径 X-Size 为 2.1mm；Y-Size 为 2.1mm；内径 Hole Size 为 1.1mm；焊盘形状 Shape 为 Round；焊盘序号 Designator 为 2；所在位置 X-Location 为 10mm；Y-Location 为 0mm，其他参数采用默认值。

绘制元件的外框。将工作层切换到 Top Overlay，执行菜单命令 Place→Track 放置连线，或单击 ≋ 按钮，绘制一个如图 2-9 所示的近似 7.5mm×12mm 的黄色外框，执行菜单命令 File→Save 保存当前元件。

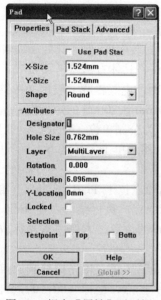

图 2-8　焊盘【属性】对话框

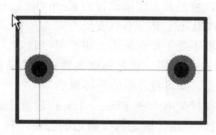

图 2-9　元件封装

如果绘制过程中发现尺寸不好掌握，可以通过执行菜单命令 Tools→Library Options 设置文档参数，将捕获栅格（Electrical Grid）设置改小就可以了。

3）开关元件封装的绘制

执行菜单命令 Tools→New Component，新建元件封装，在弹出的 Component Wizard（元件新建向导）对话框中，单击 Cancel 按钮，取消计算机辅助向导制作元件封装，请根据如图 2-10 所示的开关元件封装进行手动绘制，其中焊盘外径约为 2mm，内径约为 0.8mm。

注意焊盘 1 的形状为矩形，在形状下拉框选项中，请选择 Rectangle，执行菜单命令 File→Save 保存当前元件。

4）话筒元件封装的绘制

执行菜单命令 Tools→New Component，新建元件封

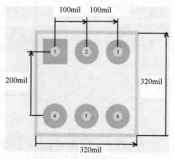

图 2-10　开关元件封装

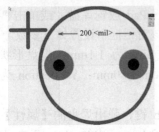

图 2-11　话筒元件封装

装，在弹出的 Component Wizard（元件新建向导）对话框中，单击 Cancel 按钮，取消计算机辅助向导制作元件封装，请根据如图 2-11 所示的开关元件封装进行手动绘制，其中焊盘外径约为 2mm，内径约为 0.8mm。

元件的圆形外框可以通过执行菜单命令 Place→Full Circle，放置完整圆来实现，或单击 ⊘ 按钮实现。最后执行菜单命令 File→Save，保存当前元件。

任务 3：PCB 设计准备

回到原理图设计窗口，将元件封装添加完毕，执行菜单命令 Tools→ERC，完成电气规则检查，检查无错误后，执行菜单命令 Design→Create Netlist，创建网络表，并新建一个 PCB 设计文件，名为"无线话筒电路.PCB"。

PCB 文件新建完成后，依次完成元件封装库的添加，具体方法参考项目二，库的名称为 AdvPCB.ddb 和"自制的封装库"，双击打开"自制的封装库"，保证其处于编辑状态。

元件封装库添加完毕后，导入网络表，并保证无错误，具体方法参考项目二。

PCB 的电气轮廓是指 PCB 上放置元件和布线的范围，电气轮廓一般定义在禁止布线层上，是一个封闭的区域。本例中 PCB 电气边界为一个 40mm×80mm 的矩形框。

（1）执行菜单命令 View→Toggle Units，设置单位制为公制单位（Metric），或按 Q 键。

（2）在工作层设置中选中 Keep Out Layer 复选框，然后单击工作区下方标签中的 Keep Out Layer，将当前工作层设置为 Keep Out Layer。

（3）PCB 设计的工作区是一个二维坐标系，其绝对原点位于 PCB 图的左下角，但导入的元件一般不处于原点附近。用户可以自定义新的坐标原点，执行菜单命令 Edit→Origin→Set，或单击 ⊠ 按钮，将光标移到要设置为新的坐标原点的位置，本例中将光标放置在元件附近，单击，即可设置新的坐标原点。

（4）执行菜单命令 Place→Track 放置连线，或单击 ┏ 按钮，将光标移到原点，即坐标（0，0）处，单击，确定第一条边的起点，将光标移到另一点，坐标（80，0），再次单击，确定连线终点，从而定下第一条边线。采用同样的方法继续画线，绘制一个尺寸为 40mm×80mm 的闭合边框，以此边框作为 PCB 的电气边界。此后，放置元件和布线都要在此边框内进行，如图 2-12 所示。

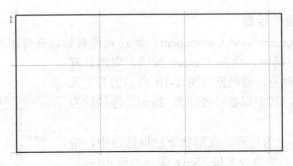

图 2-12　40mm×80mm 电气边界

在 PCB 设计时，为了方便制板，通常要标注某些尺寸的大小，一般尺寸标注放置在丝网层上，不具备电气特性。执行菜单命令 Place→Dimension 或单击【元件封装放置】工具

栏的 ![按钮]按钮，进入放置尺寸标注状态，将光标移到要标注尺寸的起点，单击，再移动光标到要标注尺寸的终点，再次单击，即可完成两点之间尺寸标注的放置，而两点之间的距离由程序自动计算得出，如图 2-13 所示。

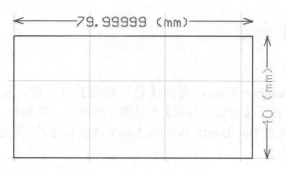

图 2-13　标注电气边界尺寸

任务 4：手动布局

元件放置完毕后，应当从机械结构、散热、电磁干扰及布线的方便性等方面综合考虑元件布局。本例中，布局时应考虑的问题包括以下几点。

（1）电路的输入是话筒元件 BM，为方便对话，话筒元件应处于电气边界附近。

（2）电路的天线元件为一个焊盘，为引出长导线用，提高信号的接收范围，故它也应处于电气边界附近，并远离输入。

（3）为防止干扰电路，2 个电感不能距离太近。

（4）本电路为高频电路，元件的连线应尽量短。

（5）在 PCB 较大时，查找元件比较困难，此时可以采用 Jump 命令进行元件跳转。

执行菜单命令 Edit→Jump→Component，在弹出的对话框中输入要查找的元件标号，单击 OK 按钮，光标就会跳转到指定元件上。

根据以上考虑，电路布局如图 2-14 所示。

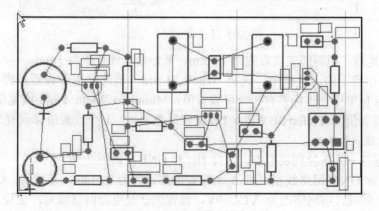

图 2-14　无线话筒电路布局

在布局时除了要考虑元件的位置外，还必须调整好丝网层上文字符号的位置。元件布局调整后，往往元件标注的位置过于杂乱，尽管不影响电路的正确性，但使电路的可读性变差，在电路装配或维修时不易识别元件，所以布局结束后还必须对元件标注进行调整。元件标注文字一般要求排列要整齐，文字方向要一致，不能将元件的标注文字放在元件的框内或压在焊盘或过孔上。元件标注的调整采用移动和旋转的方式进行，与元件的操作相似。修改标注内容可直接双击该标注文字，在弹出的对话框中进行修改。

任务 5：自动布线

1）设置布线层

执行菜单命令 Design→Rules，得到【设计规则】对话框。双击 Routing 列表框中 Routing Layers 选项，弹出【布线层规则】对话框，本例中，将 Rule Attributes 中 Top Layer 选项右边的下拉列表选为 Not Used，Bottom Layer 选项右边下拉框选为 Any。单击 OK 按钮，保留新的布线层规则。

2）设置布线线宽

执行菜单命令 Design→Rules，得到【设计规则】对话框。双击 Routing 列表框中 Width Constraint 选项，弹出【线宽设置】对话框，如图 2-15 所示。

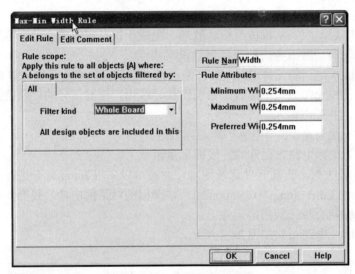

图 2-15 【线宽设置】对话框

本例中，地线、电源线宽度设置为 1.5mm，其他数据线设置为 1mm。

在 ALL 标签下的下拉框中，选择 Whole Board，该选项用于设置数据线，设置值在 Rule Attributes 标签中，该标签有 3 个可设置值，Minimum Width（最小线宽值），Maximum Width（最大线宽值），Preferred Width（线宽优选值），将 3 个设置值都设置为 1mm，布线时，数据线线宽就为 1mm。

在 ALL 标签下的下拉列表框中，选择 Net 和 GND，如图 2-16 所示。

该选项设置 GND 网络线宽，将 3 个设置值都设置为 1.5mm，布线时，GND 网络线宽就为 1.5mm。同理，将网络改为 VCC+9V，设置的就是电源网络线宽，也设置为 1.5mm。如图 2-17 所示。

3）自动布线

执行菜单命令 Auto Route→All，在【自动布线器设置】对话框中，采用默认设置，单击 Route All 按钮，完成自动布线，本例中，布线成功率为 100%，已布线 39 根，未布线 0

根，布线耗费时间近似为 0。自动布线效果如图 2-18 所示。

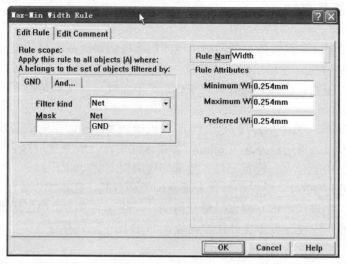

图 2-16　设置网络线宽

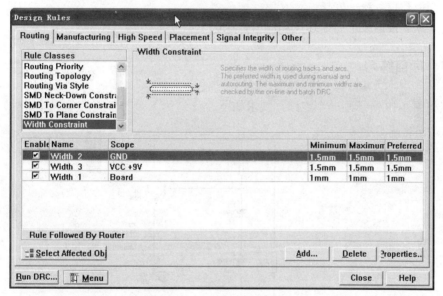

图 2-17　线宽设置对话框

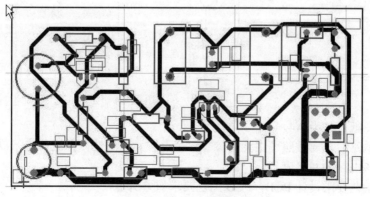

图 2-18　自动布线效果图

任务 6：编辑工艺文件

（1）单面板说明。单面板如果画图时出现图层选择错误，或图层的镜像选择错误，容易出现做成反图板的情况，一旦出现这种情况，很多时候（PCB 中包含贴片、双列直插芯片等）会造成电路板报废，所以必须强调该 PCB 是单面板，其图形是透视图。印制电路板的尺寸为 40mm×80mm。

（2）板厚 1.6mm。PCB 的厚度决定 PCB 的机械强度，同时影响成品板的安装高度，所以加工时需注明板厚。通用板厚是 1.6mm，如果未注明，一般专业厂家会按 1.6mm 处理，考虑到本项目电路中无较大、较重元件，故选择通用板厚就可以了。

（3）板材型号为 FR-4。板材型号代表板材种类和性能，应该加以标注。FR-4 型是常见的单、双面板材，由玻璃纤维布浸以阻燃型树脂，经热压而成的覆铜层压板。

（4）焊盘外径、内径。各焊盘外径、内径在 PCB 图中已经标注。

（5）字符颜色。白色为通用色。

（6）阻焊颜色。绿色为通用色。

（7）制板数量。统一安排。

（8）工期。根据生产厂家速度和制板数量决定，可变。

任务 7：项目练习

按照如图 2-19 所示画一个电路，要求如下。

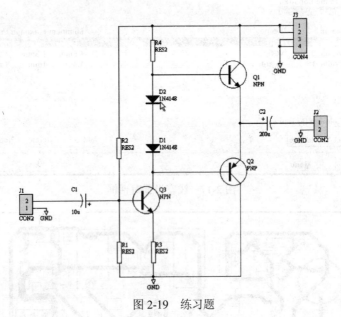

图 2-19　练习题

（1）要求图纸尺寸为 A4。

（2）画完电路后，要按照图中元件参数逐个设置元件属性，并进行电气规则检查。

（3）形成该电路的网络表。

（4）根据工艺要求设计 PCB，PCB 工艺要求如下所示。

① 印制电路板的尺寸为 80mm×80mm。

② 保证单面板设计。

③ 地线 GND 宽度设置为 1mm，其他数据线设置为 0.5mm。

（5）完成工艺文件的编写。

任务 8：项目评价

项目评价见表 2-4。

表 2-4 项目评价

学习收获	任务 1：	
	任务 2：	
	任务 3：	
	任务 4：	
	任务 5：	
	任务 6：	
	任务 7：	
综合提升		
建议要求		
教师点评		

项目 3

51 单片机小系统电路原理图与 PCB 设计

本项目目的：利用电子线路 CAD 软件 Protel 99SE 完成单片机电路原理图和印制电路板的设计，如图 3-1 所示为 51 单片机小系统电路原理图。本项目与前项目相比，元件种类增多，对印制电路板设计由单面板设计改为双面板设计，并对元件的布局布线有了进一步的要求。

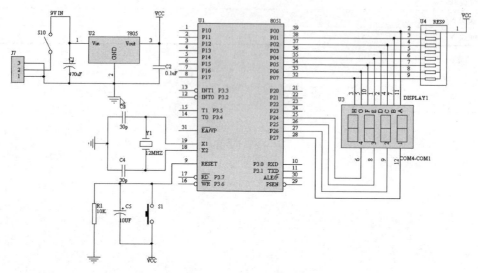

图 3-1　51 单片机电路原理图

本项目重点：利用 CAD 软件正确绘制原理图，为 PCB 元件的布局、布线，项目描述见表 3-1。

表 3-1　项目描述

项目名称：51 单片机小系统电路		课时	
学习目标			
技能目标		专业知识目标	
能够熟练操作 Protel 99SE 软件； 熟悉原理图的绘制过程； 熟悉元件的放置、调试和编辑； 能够改正原理图绘制过程中的常见错误； 熟练生成网络表并导入 PCB 设计环境； 掌握元件布局的技巧； 掌握元件布线的技巧； 掌握元件封装的绘制方法； 掌握工艺文件的编写		熟悉印制电路板的制作流程； 掌握元件、封装的概念； 了解元件布局、布线对 PCB 设计的重要性； 掌握编写工艺文件的意义	

学习主要内容	教学方法与手段
1. 项目资料信息收集； 2. 确认操作流程； 3. 整理项目材料及设备使用计划； 4. 熟悉整个操作过程； 5. 项目实施； 6. 设计检测； 7. 工艺文件的编写	项目+任务驱动教学； 分组工作和讨论； 实践操作； 现场示范； 生产企业顶岗实习

教学材料	使用场地及	工具	学生知识与能力准备	教师知识与能力要求	考核与评价
电子书籍、项目计划任务书、项目工作流程、厂家设备说明书	实训室、企业生产车间	计算机、快速制板系统、手动转头、高精度数控	操作安全知识、电子专业基础知识、基本电路识图能力、熟悉Protel 99SE的操作	具有企业工作经历、熟悉整个项目流程、3年以上教学经验	项目开题报告； 项目策划； 流程制定； 产品质量； 总结报告； 顶岗实习表现

【项目分析】

项目要求如下所示。

（1）根据实际电路完成原理图设计并添加参数。

（2）根据实际元件确定并绘制所有元件封装。

（3）根据原理图生成网络表文件。

（4）根据工艺要求绘制双面印制电路板，印制电路板的工艺要求如下所示。

① 印制电路板尺寸为 60mm×80mm；

② 保证双面板设计；

③ 地线、电源线宽度设置为 1mm，其他数据线设置为 0.5mm。

（5）编制工艺文件。

【项目任务实施】

任务 1：原理图的绘制

执行菜单命令 File→New，输入文件名（扩展名默认为*.ddb），单击 Browse（浏览）按钮，可选择合适的位置，本例中，文件名为"单片机电路"，文件位置存放在"E:\99SE 项目设计"中。

双击 Documents 文件夹，执行菜单命令 File→New，单击 Schematic Document 原理图编辑器图标。单击 OK 按钮或双击该图标即可完成新的原理图文件的创建，创建过程中，可对该文件进行命名，默认名为 Sheet1.Sch，本例将其命名为"单片机电路设计.Sch"。

执行菜单命令 Design→Option，在 Standard Style（标准风格）选项窗口的右侧，单击下拉列表，选择图纸大小为 A4。

根据实际电路绘制原理图，本项目元件库采用的是自制的元件库及封装库。得到如图 3-2 所示的原理图文件。

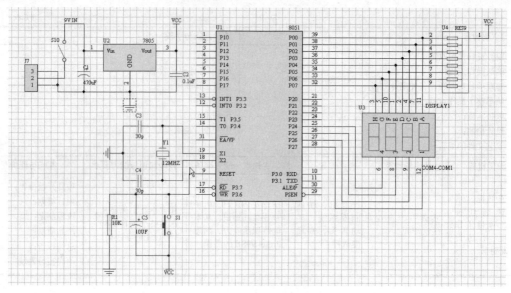

图 3-2　单片机电路原理图

任务 2：确定元件封装

经过上个任务，已经完成了电路原理图的绘制，并添加了元件的型号，但元件的封装尚未确定。本项目电路原理图中，需要添加封装的元器件有电阻、有极性电容、单片机、稳压管、数码管、组排、开关、晶体振荡器以及电源适配器接口，所有元件封装见表 3-2。

表 3-2　所有元件封装

元件名称	元件类型	封装（Footprint）	元件库
R1	电阻	AXIAL0.4	Advpcb
C1、C5	有极性电容	RB.2/.4	Advpcb
C2、C3、C4	无极性电容	RAD0.1	Advpcb
U1	51 单片机	DIP40	Advpcb
U2	稳压管	TO-220	Advpcb
U3	四位共阴数码管	自制	
U4	阻排	SIP9	Advpcb
S1	点动开关	自制	
S10	自锁开关	自制	
Y1	晶体振荡器	XTAL1	Advpcb
J7	电源适配器接口	自制	

在表 3-2 中，有 4 个元件封装需自制，这几个元件是常用元件，其封装尺寸读者可自行在网上查找，封装绘制的方法在之前的项目中也已经描述过，此处不再赘述。

任务 3：PCB 设计准备

回到原理图设计窗口，将元件封装添加完毕，执行菜单命令 Tools→ERC，完成电气规则检查，检查无错误之后，执行菜单命令 Design→Create Netlist，创建网络表，并新建一个 PCB 设计文件，命名为"单片机电路.PCB"。

　　PCB 文件新建完成后，依次完成元件封装库的添加，具体方法参考项目 2，库的名称为 AdvPCB.ddb 和"自制的封装库"，将"自制的封装库"双击打开，保证其处于编辑状态。

　　元件封装库添加完毕后，导入网络表，并保证无错误，具体方法参考项目 2。

　　印制电路板的电气轮廓是指电路板上放置元件和布线的范围，电气轮廓一般定义在禁止布线层上，是一个封闭的区域。本例中的印制电路板电气边界为一个 60mm×80mm 的矩形框。如图 3-3 所示。

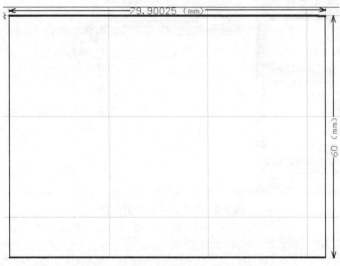

图 3-3　60mm×80mm 电气边界

任务 4：手动布局

　　元件放置完毕，应当从机械结构、散热、电磁干扰及布线的方便性等方面综合考虑元件布局。本例中，布局时应考虑的问题包括以下几点。

　　（1）电路由电源、单片机最小系统、输出三部分构成，布局应按这三部分分别布局。

　　（2）电路中包含一个 12MHz 晶体振荡器，由它加两个 30pF 电容构成高频晶振电路，故而这三个元件之间的连线长度应尽量短。

　　（3）在导入元件过程中，极有可能出现元件重叠现象，如图 3-4 所示。

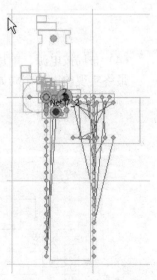

图 3-4　元件重叠效果图

　　当导入元件较少时，元件重叠对布局时间影响并不大，但当导入元件较多时，元件重叠对布局时间、效率影响是非常大的。选中所有元件，执行菜单命令 Tools→Interactive Placement→Horizontal Spacing 或 Vertical Spacing，出现如图 3-5 所示的水平、垂直排放元件选项，分别可以选择水平排放（Horizontal Spacing）、水平距离相同（Make Equal）、水平距离递增（Increase），水平距离递减（Decrease）以及垂直排放（Vertical Spacing），一般选择水平距离递增，效果如图 3-6 所示。

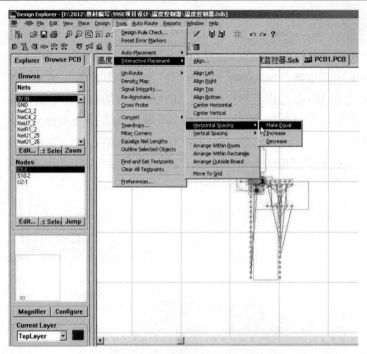

图 3-5　水平、垂直排放元件

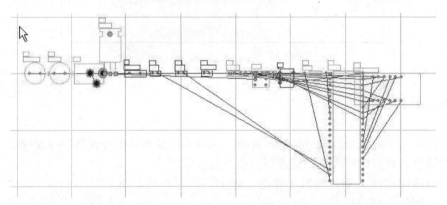

图 3-6　水平递增排放元件效果图

（4）布局按电源、单片机最小系统、输出分别布局，三部分元件如图 3-7 所示。最终实现的电路布局如图 3-8 所示。

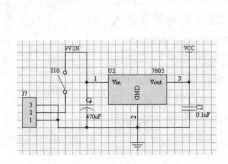

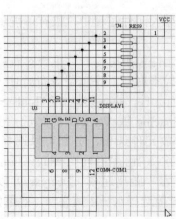

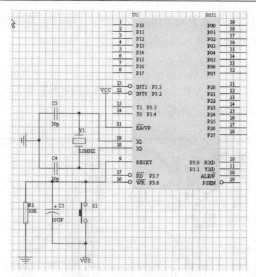

图 3-7 原理图分类布局

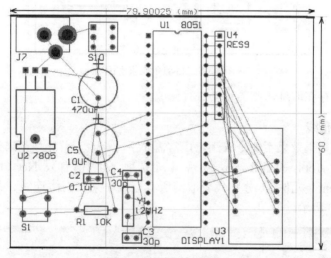

图 3-8 单片机电路布局

任务 5：布线

1）设置布线层

本例中布线层采用双面布线，即顶层与底层双面布线，与项目 2、3 中的单面布线不同。执行菜单命令 Design→Rules，弹出【设计规则】对话框。双击 Routing 列表框中 Routing Layers 选项，弹出【布线层规则】对话框，本例中，将 Rule Attributes 中 Top Layer 选项右边的下拉列表选为 Horizontal，设置顶层（Top Layer）为水平布线（Horizontal），Bottom Layer 选项右边下拉列表框选择 Vertical 选项，设置底层（Bottom Layer）为垂直布线（Vertical）。单击 OK 按钮，保留新的布线层规则。选中要删除的布线层规则，按 Delete 键可以删除，单击 Close 按钮完成设置。

2）设置布线线宽

执行菜单命令 Design→Rules，弹出【设计规则】对话框。双击 Routing 列表框中 Width

Constraint 选项，弹出【线宽设置】对话框，本例中，地线、电源线、9V IN、J7_2 宽度设置为 1mm（后两者为适配器 9V 输入），数据线设置为 0.5mm。

3）自动布线

执行菜单命令 Auto Route→All，在【自动布线器设置】对话框中。采用默认设置，单击 Route All 按钮，完成自动布线，如图 3-9 所示。

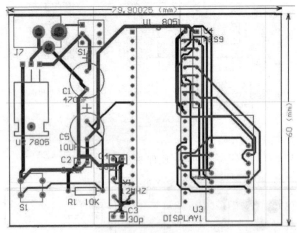

图 3-9　自动布线效果图

如果自动布线存在瑕疵，则需手动进行修改。

4）取消部分布线

自动布线后，如果效果不能令人满意，常需要手动修改，首先取消自己认为不满意的布线，执行菜单命令 Tools→Un-Route，出现 4 个选项 All（所有）、Net（网络）、Connection（连接）、Component（元件），分别代表取消所有连线、某一网络连线、某一连线、某一元件连线，如图 3-10 所示。

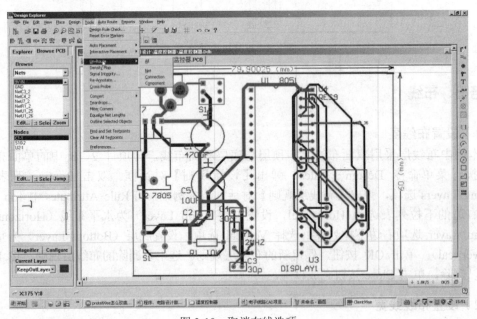

图 3-10　取消布线选项

四个选项的示意图分别如图 3-11～图 3-14 所示。

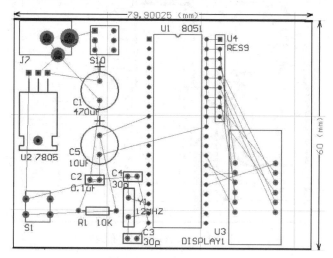

图 3-11　取消所有布线

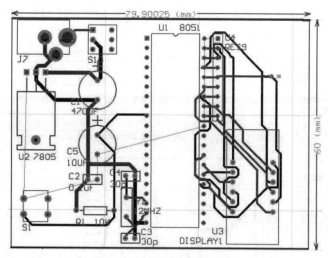

图 3-12　取消某一网络布线

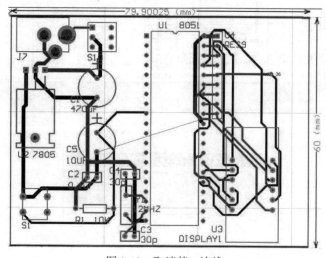

图 3-13　取消某一连线

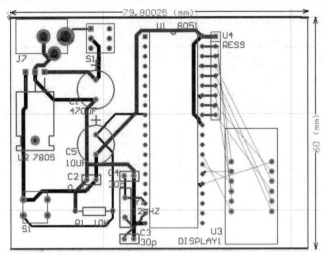

图 3-14 取消某一元件布线

5）手动布线

取消自己认为不满意的连线后，需手动布线，先单击工作区下方的 Top Layer（顶层）或 Bottom Layer（底层）选项卡，选择布线层为顶层或底层。执行菜单命令 Place→Interactive Routing，如图 3-15 所示，或单击【元件封装放置】工具栏中（图 3-16）的第一个按钮，开始手动布线。

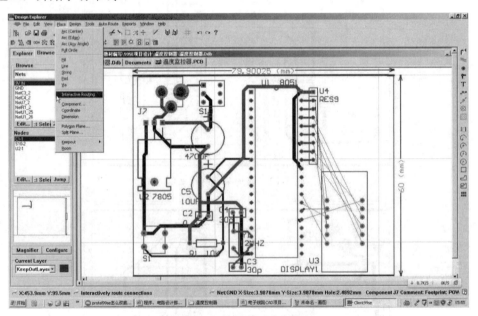

图 3-15 放置交互式布线

图 3-16 【元件封装放置】工具栏

最终实现的 PCB 设计如图 3-17 所示。

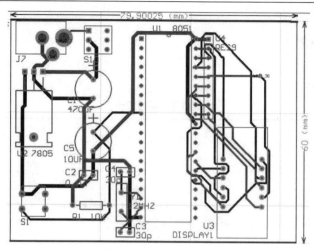

图 3-17　手动布线图

任务 6：项目练习

（1）按照之前项目的讲述，自行编辑本项目的工艺文件。

（2）按照如图 3-18 所示画一个电路，要求如下。

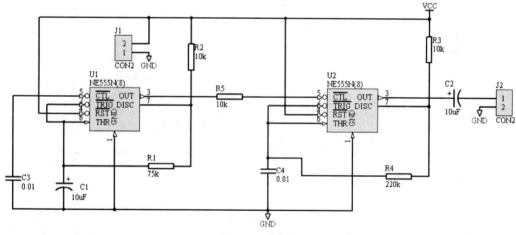

图 3-18　练习题

① 要求图纸尺寸为 A3。

② 画完电路后，要按照图中元件参数逐个设置元件属性，并进行电气规则检查。

③ 形成该电路的网络表。

④ 根据工艺要求设计印制电路板，印制电路板的工艺要求如下所示。

a. 印制电路板尺寸，80mm×100mm。

b. 保证双面板设计。

c. 地线 GND、电源线 VCC 宽度设置为 1.5mm，其他数据线设置为 0.5mm。

⑤ 完成工艺文件的编写。

注意：电路中的 555 元件在 Motorola 公司的 Analog.ddb 的 Motorola Analog Timer Circuit 库中。

任务 7：项目评价

项目评价见表 3-3。

表 3-3 项目评价

学习收获	任务 1：	
	任务 2：	
	任务 3：	
	任务 4：	
	任务 5：	
	任务 6：	
综合提升		
建议要求		
教师点评		

项目 4

元件库设计

本项目目的：熟练掌握原理图元件库编辑器的使用方法及原理图元件的编辑方法。

本项目重点：利用 CAD 软件正确绘制原理图元件，熟悉原理图元件库编辑器。项目描述见表 4-1。

表 4-1 项目描述

项目名称：元件库设计				课时	
学习目标					
技能目标			专业知识目标		
熟悉原理图元件的绘制过程； 熟练使用元件库编辑器编辑元件； 掌握个人元件库的建立与管理方法			掌握元件编辑的概念； 了解个人元件库的重要性		
学习主要内容			教学方法与手段		
1. 项目资料信息收集； 2. 确认操作流程； 3. 整理项目材料及设备使用计划； 4. 熟悉整个操作过程； 5. 项目实施； 6. 设计检测			项目+任务驱动教学； 分组工作和讨论； 实践操作； 现场示范		
教学材料	使用场地及	工具	学生知识与能力准备	教师知识与能力要求	考核与评价
电子书籍、项目计划任务书、项目工作流程	实训室、企业生产车间	计算机、快速制板系统、手动转头、高精度数控	操作安全知识、电子专业基础知识、基本电路识图能力、熟悉 Protel 99SE 的操作	具有企业工作经历、熟悉整个项目流程、3 年以上教学经验	项目开题报告； 项目策划； 流程制定； 产品质量； 总结报告； 顶岗实习表现

【项目分析】

项目要求如下所示。

（1）根据设计要求完成原理图元件设计。

（2）建立个人元件库。

（3）编辑和修改个人元件库。

【项目任务实施】

任务 1：熟悉元件库编辑器

虽然 Protel 99SE 提供了众多的元件库，但在原理图设计过程中，不可避免地会遇到软件自带的元件库无法满足设计要求的情况，这时就需要利用元件库编辑器创建或修改元件。

执行菜单命令 File→New，单击 Schematic Library Document（原理图元件库编辑器）图标，如图 4-1 所示。

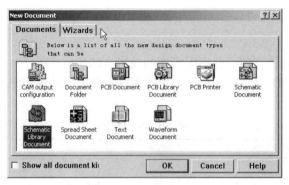

图 4-1　创建元件库

单击 OK 按钮或双击该图标即可完成新的原理图文件的创建，创建过程中，可对该文件进行命名，默认名为 Sheet1.Sch，本例将其命名为"个人元件库.Lib"，双击打开，启动元件库编辑器如图 4-2 所示。

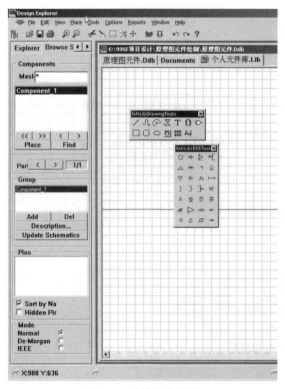

图 4-2　元件库编辑器

1）元件编辑区

元件库编辑器与原理图编辑器的界面非常相似，主要由编辑器、工具栏、菜单栏、库管理器等组成。在如图 4-2 所示的元件库编辑器中央，有一个大"十"字坐标轴，将元件编辑区划分为四个象限，右上角为第一象限，逆时针方向依次为第二、三、四象限，右下角为第四象限。一般情况下，用户在第四象限完成元件的绘制工作。

2）元件库编辑面板

元件库编辑器面板如图 4-3 所示，包括 4 个区域，从上到下依次是：元件列表区、元件组区、引脚信息区以及模式选择区。

（1）元件列表区。主要功能是查找、选择、放置元件，并显示当前元件库所有元件。

① 元件列表区上方的 Mask 编辑区：用于筛选元件，支持通配符。

② Place（放置）按钮：在元件列表中，选中某一元件后，单击该按钮，可将元件放入原理图中。

③ Find（查找）按钮：在 Mask 编辑区中，设定想要查找的元件的关键字后，单击该按钮，可以搜索出符合条件的元件。

（2）元件组区。用来编辑相同类型元件。

（3）引脚信息区。用来显示元件列表中选中的元件引脚信息。

（4）模式选择区。元件的显示模式分为 3 种：Normal 模式、De-Morgan 模式以及 IEEE 模式，读者可以自行观察 3 种显示模式的异同。

图 4-3　元件库编辑器面板

3）常用工具菜单

要想绘制出理想的元件外形，就要先掌握各种元件绘图工具的作用，执行菜单命令 Tools，得到如图 4-4 所示的工具菜单。

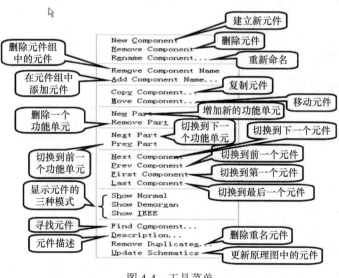

图 4-4　工具菜单

4）元件库绘图工具栏

执行菜单命令 View→Toolbars→Drawing Toolbar，启动如图 4-5 所示的【元件库绘图】工具栏。

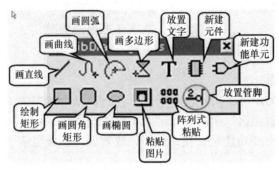

图 4-5 【元件库绘图】工具栏

任务 2：认识元件

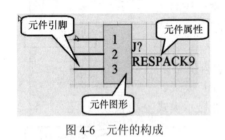

图 4-6 元件的构成

如图 4-6 所示，原理图元件由三部分构成，即元件图形、元件引脚、元件属性。

（1）元件图形：元件的主体与显示符号，没有实际的电气意义。

（2）元件引脚：元件的电气部分，引脚序号必须存在并且唯一，引脚的端点就是原理图的电气节点，引脚名称可以为空。

（3）元件属性：元件名称、标号、封装形式、参数、说明等，是原理图设计与 PCB 设计必不可少的部分。

任务 3：绘制元件 8051

绘制元件的一般步骤：①新建一个元件库；②修改元件名称；③在第四象限绘制元件图形；④放置元件引脚；⑤调整修改元件属性；⑥保存元件。

1）新建一个元件库

在本项目任务一中已经完成。

2）修改元件名称

执行菜单命令 Tools→Rename Component，如图 4-7 所示。

弹出如图 4-8 所示的【元件命名】对话框，修改元件名称为 8051。

3）绘制元件图形

执行菜单命令 Edit→Jump→Origin，将光标移到原点处（第四象限内），绘制如图 4-9 所示的元件的图形部分。

执行菜单命令 Place→Rectangle 或单击【元件库绘制】工具栏中的【绘制矩形】按钮，得到如图 4-10 所示的示例元件的图形部分。

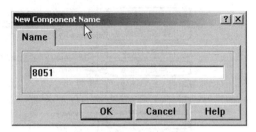

图 4-7　元件重命名　　　　　图 4-8　【元件命名】对话框

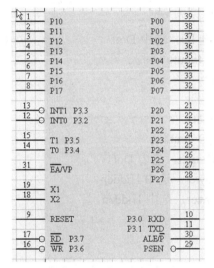

图 4-9　示例元件

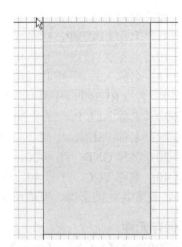

图 4-10　示例元件的图形部分

4）放置元件引脚

按如图 4-9 所示的引脚位置，执行菜单命令 Place→Pins 或单击【元件库绘制】工具栏中的【放置引脚】按钮，得到如图 4-11 所示的元件图形。

5）调整修改元件属性

双击图 4-11 中的元件引脚，或在引脚放置过程中，按 Tab 键，弹出如图 4-12 所示的【元件引脚属性】对话框。

修改元件引脚属性，其中引脚电气属性有如下选项：Input（输入）、IO（双向）、Output（输出）、Open Collector（开路输出）、Passive（被动）、HiZ（三态）、Open Emitter（发射级开路）、Power（电源）。

引脚 1：名称 P10，序号 1，电气属性选 IO。

引脚 13：名称 INT1 P33，序号 13，电气属性选 IO，选中 Dot。

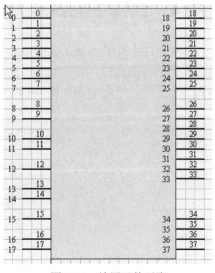

图 4-11　放置元件引脚

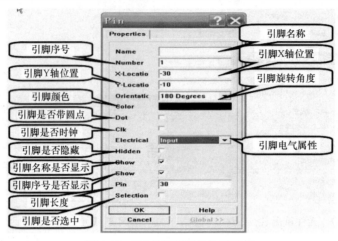

图 4-12 【元件引脚属性】对话框

引脚 12：名称 INT1 P32，序号 12，电气属性选 IO，选中 Dot。

引脚 31：名称 E\A\/VP，序号 31，电气属性选 Input。

引脚 19：名称 X1，序号 19，电气属性选 Input。

引脚 18：名称 X2，序号 18，电气属性选 Input。

引脚 9：名称 RESET，序号 9，电气属性选 Input。

引脚 30：名称 ALE/P\，序号 30，电气属性选 Output。

引脚 29：名称 PSEN，序号 29，电气属性选 Output，选中 Dot。

引脚 20：名称 GND，序号 20，电气属性选 Power，选中 Hidden。

引脚 40：名称 VCC，序号 40，电气属性选 Power，选中 Hidden。

同理，设置其他的引脚，完成所有引脚设定。

6）保存元件

执行菜单命令【File】→【Save】，保存元件。

任务 4：绘制带子件的元件 74LS04

有些元件中有多个独立功能单元，比如 74LS04，内部有 6 个独立的反相器，即 74LS04
是含 6 个子件的元件。它们的输入、输出都是独立的，只是共用电源和地线，每个独立部分
称为一个子件，下面绘制如图 4-13 所示的元件。

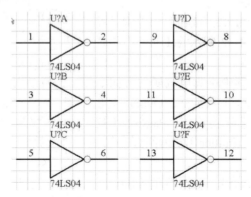

图 4-13　元件 74LS04

1）新建一个元件库

在任务 1 中已经完成。

2）修改元件名称

执行菜单命令 Tools→New Component，命名为"74LS04"，此时在左边的管理窗口中可以看到当前元件 74LS04，如图 4-14 所示。

3）绘制第一个子件

执行菜单命令 Place→Line，或单击【元件库绘制】工具栏中的【画直线】按钮，将光标移到原点处（第四象限内），绘制如图 4-15 所示的子件的图形部分。

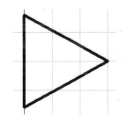

图 4-14　新建元件 74LS04　　　　　图 4-15　子件的图形部分

4）编辑第一个子件

执行菜单命令 Place→Pins 或单击【元件库绘制】工具栏中的【放置引脚】按钮。

引脚 1：无名称，序号 1，电气属性选 Input，引脚长度改为 20。

引脚 2：无名称，序号 2，电气属性选 Output，引脚长度改为 20，选中 Dot。

引脚 7：名称 GND，序号 7，电气属性选 Power，选中 Hidden。

引脚 14：名称 VCC，序号 14，电气属性选 Power，选中 Hidden。

得到如图 4-16 所示的元件图形。

5）创建第二个子件

执行菜单命令 Tools→New Parts，新建一个子件，此时观察左边的面板，可以看到这个元件有 Part1 与 Part2 两个子件，如图 4-17 所示。

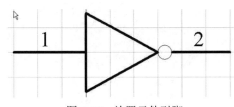

图 4-16　放置元件引脚　　　　　　　图 4-17　两个子件

用同样的办法绘制第二个子件，也可将第一个子件复制到第二个子件的工作区，修改引脚属性即可，依次，绘制 6 个子件后，完成该元件的设计。

6）保存元件

执行菜单命令 File→Save，保存元件。

任务 5：项目练习

按照如图 4-18 所示，绘制两个元件，元件库名分别为 MC14460 和 MC33033。

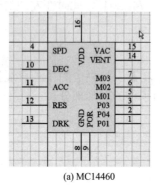

图 4-18　绘制元件

任务 6：项目评价

项目评价见表 4-2。

表 4-2　项目评价

学习收获	任务 1：	
	任务 2：	
	任务 3：	
	任务 4：	
	任务 5：	
综合提升		
建议要求		
教师点评		

项目 5

封装库设计

本项目目的：熟练元件封装编辑器的使用方法，掌握制作元件封装的方法，着重利用元件封装向导制作元件封装。

本项目重点：利用元件封装向导正确绘制元件封装，熟悉元件封装库编辑器。项目描述见表 5-1。

表 5-1　项目描述

项目名称：封装库设计			课时		
学习目标					
技能目标			专业知识目标		
熟悉元件封装的设计过程； 熟练使用元件封装库编辑器设计元件封装； 掌握个人元件封装库的建立与管理方法			掌握元件封装的概念； 了解个人元件封装库的重要性； 熟悉元件封装向导		
学习主要内容			教学方法与手段		
1. 项目资料信息收集； 2. 确认操作流程； 3. 整理项目材料及设备使用计划； 4. 熟悉整个操作过程； 5. 项目实施； 6. 设计检测			项目+任务驱动教学； 分组工作和讨论； 实践操作； 现场示范		
教学材料	使用场地及	工具	学生知识与能力准备	教师知识与能力要求	考核与评价
电子书籍、项目计划任务书、项目工作流程	实训室、企业生产车间	计算机、快速制板系统、手动转头、高精度数控	操作安全知识、电子专业基础知识、基本电路识图能力、熟悉Protel 99SE 的操作	具有企业工作经历、熟悉整个项目流程、3 年以上教学经验	项目开题报告；项目策划；流程制定；产品质量；总结报告；顶岗实习表现

【项目分析】

项目要求如下所示。

（1）熟悉常用元件的封装形式。

（2）建立个人元件封装库。

（3）根据设计要求完成元件封装设计。

（4）编辑和修改个人元件封装库。

【项目任务实施】

任务 1：熟悉常用元件封装形式

本项目主要学习元件封装及其设计，虽然 Protel 99SE 提供了众多的元件封装库，但由于元件封装技术发展很快，Protel 99SE 不可能提供所有元件封装的设计，有些元件封装，需要自己创建，因此，掌握在 Protel 99SE 中设计元件封装是十分重要的。

封装是指元件的外形和引脚分布，起着安装、固定、密封、保护芯片及增强电热性能等方面的作用。

电子元件封装主要分为通孔插装技术（THT）和表面贴片技术（SMT）两大类，元件的封装信息包含两个部分：外形和焊盘。元件外形和标注信息一般在顶部丝印层 Top Layer 上绘制；而焊盘分为通孔元件焊盘和贴片元件焊盘，如果是通孔元件的焊盘，一般在 Multi-Layer 层绘制；如果是贴片元件的焊盘，一般在 Top Layer 上绘制。

以下介绍的元件封装都能在 Protel 99SE 自带的元件库 Advpcb.ddb 中查找到。

1）分立元件封装

（1）电阻。电阻封装的尺寸取决于其额定功率及工作电压等级，这两项指标的数值越大，电阻的体积也就越大。一般来说，电阻分为通孔式和贴片式两大类。

Protel 99SE 中，对于直插式（通孔）电阻，现有封装为 AXIAL0.3～AXIAL1.0，如图 5-1 所示。一般 1/2W 以下的电阻可以选择 AXIAL0.3 或 AXIAL0.4 封装。0.4 指的是焊盘中心间距为 0.4 英寸，即 400mil，约 1cm，以此类推，AXIAL1.0 指的是焊盘中心间距为 1 英寸的电阻。

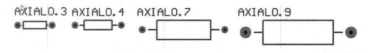

图 5-1　直插式电阻封装

图 5-2　贴片式封装

贴片式电阻，现有封装为 0402～7257 等，这种贴片封装并非从属于特定的元件类型，电阻、电容、电感及二极管等元件都可采用此类封装。如 0805 代表封装中，两个焊盘中心间距为 80mil，焊盘宽度为 50mil，如图 5-2 所示。

（2）电容。电容的体积和耐压值与容量呈正比，容量越大，耐压值越高，相应的体积也就越大。电容大致上分为两类：有极性电容（电解电容）和无极性电容。

有极性电容对应的封装形式如图 5-3 所示。

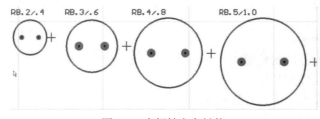

图 5-3　有极性电容封装

其中 RB.2/.4 是指两个焊盘的中心间距为 0.2mm，外形尺寸为 0.4mm，其他封装定义类似。

无极性直插电容封装，对应封装形式为 RAD0.1～RAD0.4，如图 5-4 所示，数字代表两个焊盘的中心间距，单位为英寸。

（3）二极管。常用的直插式二极管的封装有 DIODE-0.4 与 DIODE-0.7，如图 5-5 所示，数字代表两个焊盘的中心间距，单位为英寸，数字越大，代表功率越大。

图 5-4　无极性直插电容封装　　　　　　图 5-5　直插式二极管封装

（4）电位器。常用的电位器的封装 VR1～VR5，如图 5-6 所示，一般根据实际元件尺寸选择或修改。

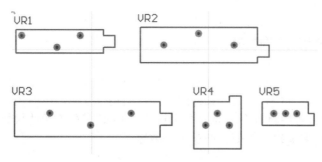

图 5-6　电位器封装

2）集成元件封装

目前集成元件（IC）常用封装有 DIP、SOP、SOJ、QFP、PLCC、BGA、CSP 等，这些元件因其元件外观、形状的不同，而各自具有不同的封装。

（1）双列直插式封装

双列直插式封装（DIP）是一种传统的元件封装形式，也是目前最常见的集成元件封装形式，引脚中心距离为 2.54mm（100mil），引脚数为 6～64，常见宽度为 15.2mm，如图 5-7 所示。

（2）小尺寸封装

小尺寸封装（SOP）是指元件引脚向外伸出，是最常见的贴片封装形式，标准 SOP 封装的引脚中心距离为 1.27mm，如图 5-8 所示。

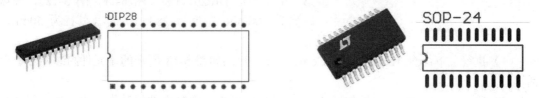

图 5-7　DIP28 外观及封装　　　　　　图 5-8　SOP-24 外观及封装

（3）带引线的塑料芯片载体

带引线的塑料芯片载体（PLCC）封装是表面贴装型封装，塑料制品，引脚从封装的四个侧面引出，引脚中心距离为 1.27mm，引脚数 18～84，PLCC 外观及封装如图 5-9 所示。

（4）矩形扁平式封装

矩形扁平式封装（QFP）为四侧引脚扁平封装，是表面贴装型封装之一，引脚从四个侧面引出呈海鸥翼（L）形。基材有陶瓷、金属和塑料三种。引脚中心距有 1.0mm、0.8mm、0.65mm、0.5mm、0.4mm、0.3mm 等多种规格，QFP 外观及封装如图 5-10 所示。

图 5-9　PLCC 外观及封装　　　　　　图 5-10　QFP 外观及封装

还有很多其他元件封装，在此不再叙述，软件的封装库总是滞后于元件的发展，对于软件库中没有提供的封装库，只能由用户自己创建。

任务 2：熟悉元件封装编辑器

执行菜单命令 File→New，单击 PCB Library Document 编辑器图标。单击 OK 按钮或双击该图标即可完成新的 PCB 封装库文件的创建，创建过程中，可对该文件进行命名，默认名为 PCBLIB1.LIB，本例将其命名为"个人封装库.LIB"，有关元件封装编辑器的操作，操作方法与原理图元件库编辑器类似，此处不再赘述。

任务 3：利用元件封装向导创建元件封装

创建一个新元件的封装包括创建新元件、设置位置、放置焊盘、绘制封装外形、设置元件参考点和保存元件 6 个步骤。

创建元件封装的方式一般有以下两种。

① 用户手动绘制方式。

② 利用元件封装向导方式。

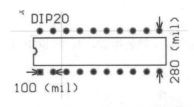

图 5-11　DIP20 封装尺寸

方式①在项目二任务 2 中已经做过描述，此处不再赘述，此处以方式②为主进行描述。

下面以两个实例来说明如何利用元件封装向导生成元件封装。

第一个实例是 DIP20 封装（图 5-11、图 5-12），焊盘中心距离为 100mil，宽度为 280mil，焊盘外径为 50mil，孔径为 32mil。

（1）执行菜单命令 Tools→New Component，启动如图 5-13 所示的【元件封装向导】对话框。

（2）单击 Next 按钮，弹出如图 5-14 所示的对话框，选择元件封装类型为 DIP，尺寸显示方式为英寸（mil）。

（3）单击 Next 按钮，设置焊盘外径为 50mil，孔径为 32mil，如图 5-15 所示。

（4）单击 Next 按钮，设置焊盘中心距离为 100mil，宽度为 280mil，如图 5-16 所示。

（5）单击 Next 按钮，设置封装外形线宽，默认为 10mil，如图 5-17 所示。

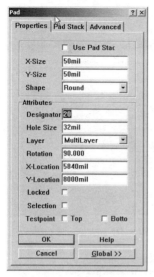
图 5-12　DIP 封装焊盘尺寸

图 5-13　【元件封装向导】对话框

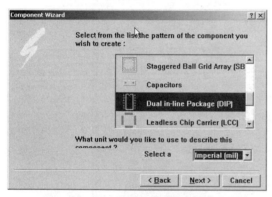
图 5-14　选择元件封装类型

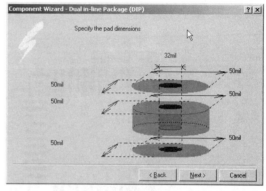
图 5-15　设置焊盘外径、孔径

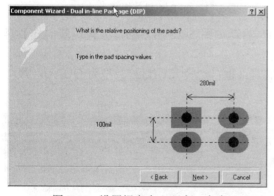
图 5-16　设置焊盘中心距离、宽度

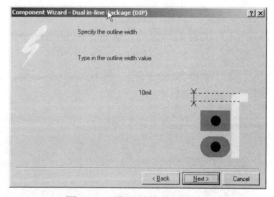
图 5-17　设置封装外形线宽

（6）单击 Next 按钮，设置封装焊盘数量为 20，如图 5-18 所示。

（7）单击 Next 按钮，设置元件封装名称为 DIP20，如图 5-19 所示。

（8）单击 Next 按钮，单击 Finish 按钮，完成元件封装设计。执行菜单命令 File→ Save，保存元件。

第二个实例是 QFP44 封装（图 5-20、图 5-21），焊盘中心距离为 31.5mil，宽度为

88mil、88mil，焊盘尺寸为 16mil、100mil。

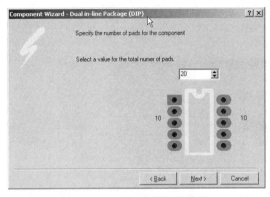

图 5-18　设置封装焊盘数量

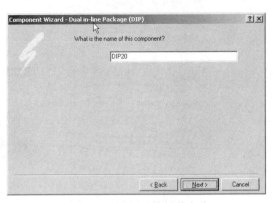

图 5-19　设置元件封装名称

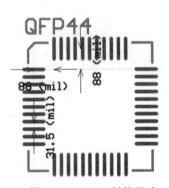

图 5-20　QFP44 封装尺寸

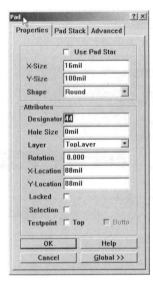

图 5-21　QFP44 封装焊盘尺寸

（1）执行菜单命令 Tools→New Component，启动如图 5-22 所示的【元件封装向导】对话框。

（2）单击 Next 按钮，弹出如图 5-23 所示的对话框，选择元件封装类型为 QUAD，尺寸显示方式为英寸（mil）。

图 5-22　【元件封装向导】对话框

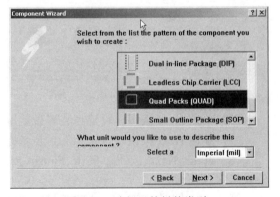

图 5-23　选择元件封装类型

（3）单击 Next 按钮，设置焊盘尺寸为 16mil、100mil，如图 5-24 所示。

（4）单击 Next 按钮，设置焊盘形状为 Rounded（椭圆），如图 5-25 所示。

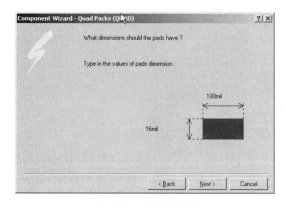

图 5-24　设置焊盘尺寸

图 5-25　设置焊盘形状

（5）单击 Next 按钮，设置封装外形线宽，默认为 10mil，如图 5-26 所示。

（6）单击 Next 按钮，设置封装焊盘中心距离为 31.5mil，宽度为 88mil，如图 5-27 所示。

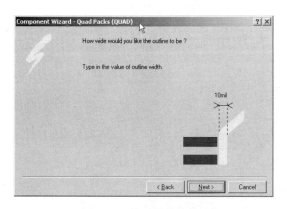

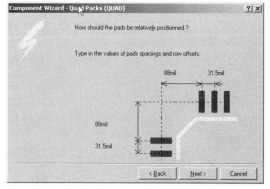

图 5-26　设置封装外形线宽

图 5-27　设置封装焊盘中心距离及宽度

（7）单击 Next 按钮，设置起始焊盘的位置为左上，如图 5-28 所示。

（8）单击 Next 按钮，设置四边焊盘的数量为 11，如图 5-29 所示。

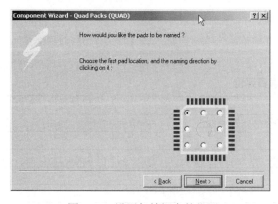

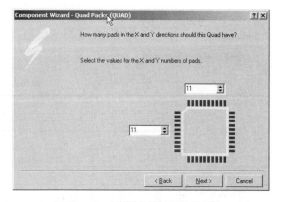

图 5-28　设置起始焊盘的位置

图 5-29　设置四边焊盘的数量

（9）单击 Next 按钮，设置元件名称为 QFP44，如图 5-30 所示。

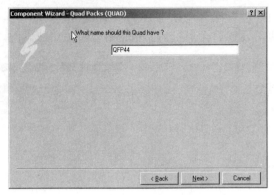

图 5-30　设置元件名称

（10）单击 Next 按钮，单击 Finish 按钮，完成元件封装设计。执行菜单命令 File→Save，保存元件。

任务 4：项目练习

如图 5-31 所示，利用【元件封装向导】绘制一个元件，库名为 DIP-40。

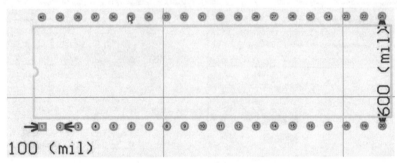

图 5-31　DIP-40 封装

（1）DIP-20 封装，焊盘中心距离为 100mil，宽度为 600mil，焊盘外径为 50mil，孔径为 32mil；

（2）40 个引脚，左下为 1 号引脚，矩形，引脚号逆时针增加。

任务 5：项目评价

项目评价见表 5-2。

表 5-2　项目评价

学习收获	任务 1：	
	任务 2：	
	任务 3：	
	任务 4：	
综合提升		
建议要求		
教师点评		

第二部分 Altium Designer

项目 6

多谐振荡电路原理图绘制

本项目目的：利用电子线路 CAD 软件 Altium Designer Winter 完成多谐振荡电路原理图和印制电路板的设计，如图 6-1 所示为多谐振荡电路原理图。通过本项目的学习能够熟悉项目及工作空间的概念；熟练绘制电路原理图，熟悉电路中的各种元器件之间建立连接；熟悉网络标记的含义，会正确放置网络标记；熟练检查设计电路图中的错误。

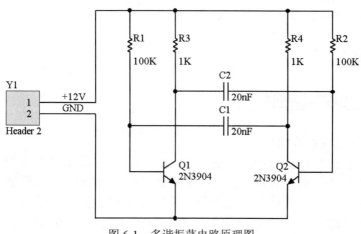

图 6-1 多谐振荡电路原理图

本项目重点：利用 CAD 软件正确绘制原理图，并确定图 6-1 中元器件的封装。如 Protel 99SE 元件封装库中找不到与实际元件相符的元件封装，应该根据实际元器件绘制元件封装，项目描述见表 6-1。

表 6-1 项目描述

项目名称：多谐振荡电路		课时	
学习目标			
技能目标		专业知识目标	
能够熟练操作 Altium Designer Winter； 熟悉原理图的绘制过程； 熟悉元件的放置、调试和编辑； 能够改正原理图绘制过程中的常见错误		掌握元件、网络标记、封装的概念	
学习主要内容		教学方法与手段	
1. 项目资料信息收集； 2. 确认操作流程； 3. 整理项目材料及设备使用计划； 4. 熟悉整个操作过程； 5. 项目实施； 6. 设计检测； 7. 工艺文件的编写		项目+任务驱动教学； 分组工作和讨论； 实践操作； 现场示范； 生产企业顶岗实习	

教学材料	使用场地及	工具	学生知识与能力准备	教师知识与能力要求	考核与评价
电子书籍、项目计划任务书、项目工作流程、厂家设备说明书	实训室、企业生产车间	计算机、快速制板系统、手动转头、高精度数控	操作安全知识、电子专业基础知识、基本电路识图能力、熟悉 Altium Designer 的操作	具有企业工作经历、熟悉整个项目流程、3 年以上教学经验	项目开题报告、项目策划、流程制定、产品质量、总结报告、顶岗实习表现

【项目分析】

项目要求如下所示。

（1）根据实际电路完成原理图设计并添加参数。

（2）根据实际元件确定并绘制所有元件封装。

（3）检查原理图中的错误并改正。

【项目任务实施】

任务 1：创建工程及原理图

1）项目及工作空间介绍

项目是每项电子产品设计的基础，在一个项目文件中包括设计中生成的一切文件，比如原理图文件、PCB 图文件、各种报表文件及保留在项目中的所有库或模型。一个项目文件类似 Windows 系统中的"文件夹"，在项目文件中可以执行对文件的各种操作，如新建、打开、关闭、复制与删除等。但需注意的是，项目文件只是起到管理的作用，在保存文件时，项目中的各个文件是以单个文件的形式保存的。

项目大约有 6 种类型——PCB 项目、FPGA 项目、内核项目、嵌入式项目、脚本项目和库封装项目（集成库的源）。

Workspace（工作空间）比项目高一层次，可以通过 Workspace（工作空间）连接相关项目，设计者通过 Workspace（工作空间）可以轻松访问目前正在开发的某种产品相关的所有项目。

2）创建一个新项目

（1）执行菜单命令 File→New→Project→PCB Project，弹出 Projects 面板，如图 6-2 所示。

（2）重新命名项目文件，在 E 盘上建立"多谐振荡器"文件夹，执行菜单命令 File →Save Project As 将新项目重命名（扩展名为.PrjPCB）。指定把这个项目保存在"多谐振荡器"文件夹中，在文件名栏里输入文件名 Multivibrator.PrjPCB 并单击【保存】按钮，如图 6-3 所示。

3）创建一个新的原理图图纸

（1）创建一个新的原理图图纸的步骤。执行菜单命令 File→New→Schematic，如图 6-4 所示。

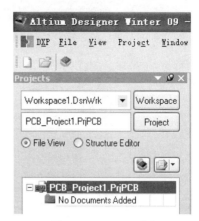

图 6-2　Projects 面板

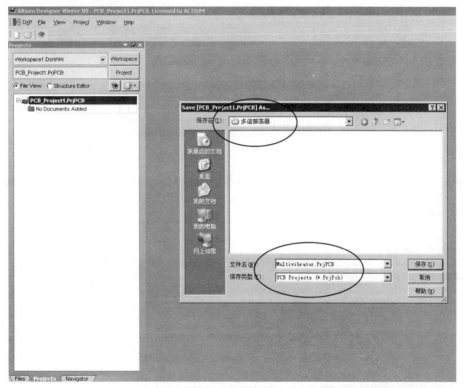

图 6-3　保存项目

执行菜单命令 File → Save As 将新原理图文件重命名（扩展名为.SchDoc）。

（2）将原理图图纸添加到项目。有时原理图图纸是作为自由文件夹被打开的，如图 6-5 所示，如果想将其添加到一个项目文件中，那么只需在 Projects 面板的 Free Documents 单元 Source Document 文件夹下，用鼠标拖拉要移动的文件 sheet1.sch，到目标项目文件夹下的 Source Document 上即可。

4）设置原理图选项

（1）执行菜单命令 Design → Document Options，在此唯一需要修改的是将图纸大小设置为标准 A4 格式，如图 6-6 所示。

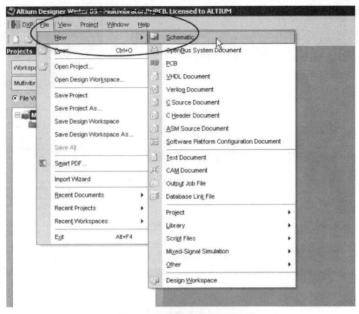

图 6-4　新建原理图图纸

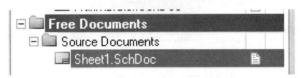

图 6-5　自由文件夹下的原理图

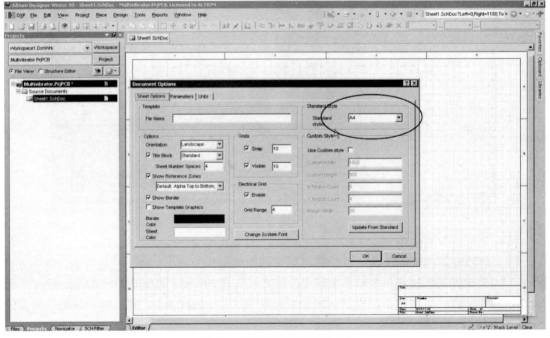

图 6-6　设置原理图图纸大小

（2）在开始绘制原理图之前，保存原理图图纸，如图 6-7 所示，执行菜单命令 File→ Save 或单击工具栏上的 按钮。

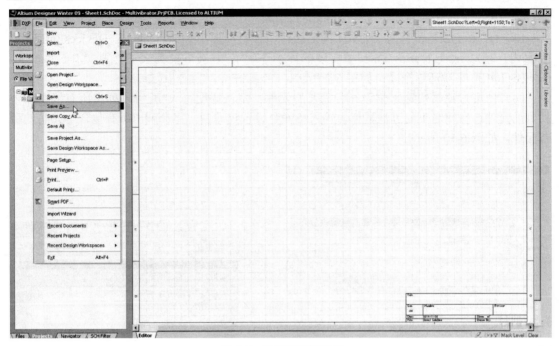

图 6-7　保持原理图图纸

任务 2：放置元件

1）放置三极管 Q1 和 Q2

（1）执行菜单命令 View→Fit Document 确认原理图纸显示在整个窗口中，如图 6-8 所示。

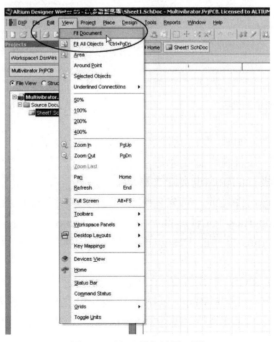

图 6-8　显示所有绘图区域

（2）单击 Libraries 标签，显示 Libraries 面板。

（3）Q1 和 Q2 是型号为 2N3904 的三极管，该三极管在 Miscellaneous Devices.IntLib 集成库内，所以从 Libraries 面板【安装的库名】栏内，从下拉列表中选择 Miscellaneous Devices.IntLib 来激活这个库，如图 6-9 所示。

（4）使用过滤器快速定位设计者需要的元件。默认通配符（*）可以列出所有能在库中找到的元件。在库名下的过滤器栏内输入*3904*设置过滤器，将会列出所有包含 3904 的所有元件，如图 6-10 所示。

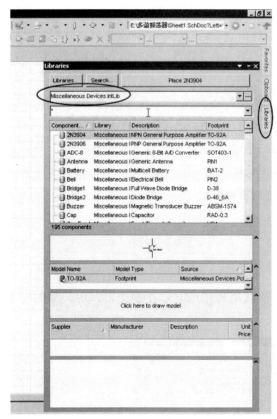

图 6-9　选择元件库

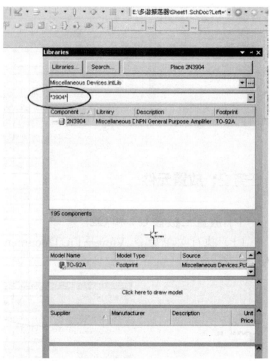

图 6-10　过滤器

（5）在列表中选择 2N3904，双击元件名，进行元件的放置。

光标将变成十字状，并且在光标上悬浮着一个三极管的轮廓，表示现在处于元件放置状态，如果移动光标，三极管的轮廓也会随之移动。

（6）在原理图上放置元件之前，首先要编辑其属性。在三极管悬浮在光标上时，按 Tab 键，打开 Component Properties（元件属性）对话框，如图 6-11 所示。

（7）在对话框 Properties 单元的 Designator 文本框中输入 Q1，以 Q1 作为第一个元件的序号。

（8）下面将检查在 PCB 中用于表示元件的封装。在本项目中，使用的是 Altium Designer 自动系统集成库，这些库已经包括了封装和电路仿真的模型。确认在模型列表中（Models for Q?-2N3904）含有模型名 TO-92A 的封装，保留其余栏为默认值，并单击 OK 按钮关闭对话框，如图 6-12 所示。

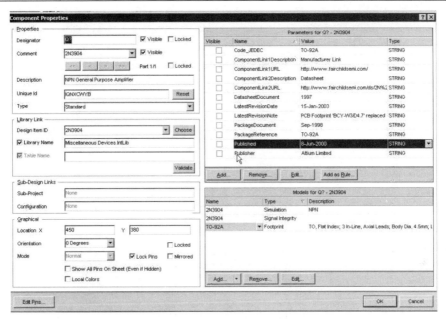

图 6-11　元件属性对话框

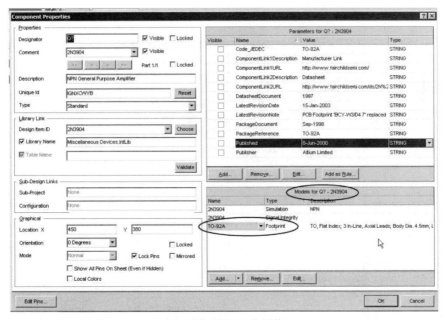

图 6-12　确认元件封装

2）放置电阻（resistors）

（1）在 Libraries 面板中，确认 Miscellaneous Devices.IntLib 库为当前库。在库名下的过滤器栏文本框中输入*res*，设置过滤器，如图 6-13 所示。

（2）在元件列表中选择 RES1，双击元件 RES1，会出现一个悬浮在光标上的电阻符号。

（3）按 Tab 键编辑电阻的属性。在对话框的 Properties 单元的 Designator 文本框中输入 R1，以 R1 作为第一个元件的序号。

（4）在对话框的 Properties 单元，单击 Comment 栏并从下拉列表中选择=Value（图 6-14），将 Visible 关闭。

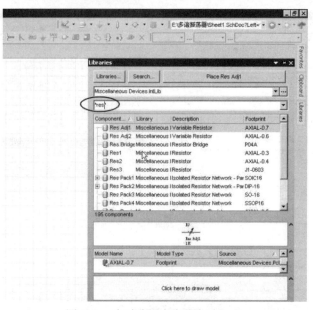

图 6-13　在过滤器中查找电阻*res*

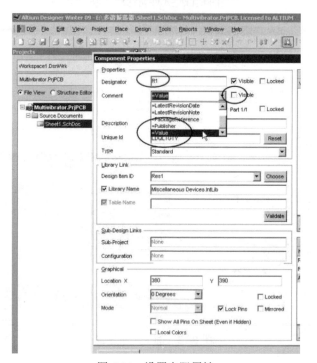

图 6-14　设置电阻属性

　　使用 Comment 栏，可以输入元件的描述，例如 74LS04 或者 10K。当原理图与 PCB 图同步时，这一栏的值将更新到 PCB 文件中。

　　也可以把这一栏的值当成字符串，也可以从这一栏的下拉列表中选择一种参数，下拉列表显示了当前有效的所有参数。当=Value 这个参数被使用时，这个参数将被用于电路仿真，也将被传到 PCB 文件中。

　　（5）PCB 元件的内容由原理图映射过去，所以在 Parameters 栏将 R1 的值（Value）改为 100K，如图 6-15 所示。

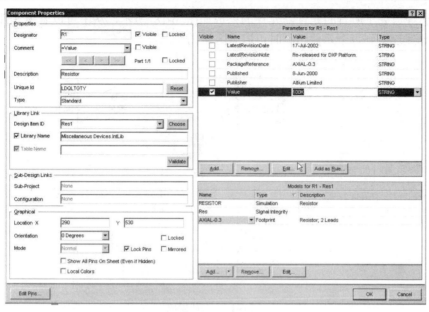

图 6-15 设置电阻元件 Value 值

（6）在模型列表中确定封装 AXIAL-0.3 已经被包含，如图 6-15 所示，单击 OK 按钮返回放置模式。

（7）按 Space 键将电阻旋转 90°，并放置元件。

3）放置电容（capacitors）

在 Libraries 面板的元件过滤器文本框中输入*cap*。放置、修改方法同上，放置两个电容 C1 和 C2。

4）放置连接器（connector）

连接器在系统自带库 Miscellaneous Connectors.IntLib 中，从 Libraries 面板"安装的库名"栏内，在库下拉列表中选择 Miscellaneous Connectors.IntLib，如图 6-16 所示，并在过滤器中输入*Header 2*（图 6-17），选择元件 Header 2，放置、修改方法同上。

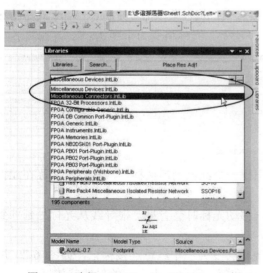

图 6-16 选择 Miscellaneous Connectors 库

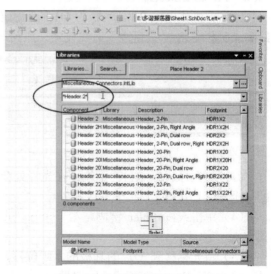

图 6-17 过滤器中输入*Header 2*

现在已经放完了所有的元件。元件的摆放如图 6-18 所示，从中可以看出元件之间留有间隔，用导线连接到每个元件引脚时可以有大量的空间。

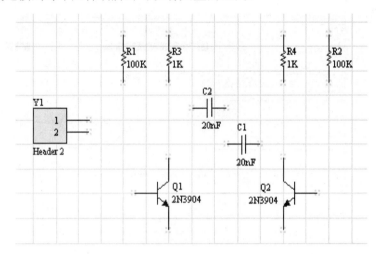

图 6-18   元件摆放

如果需要移动元件，单击元件，按住鼠标左键不放，将元件拖到需要的位置即可，如需改变元件的方向，只需在拖动过程中，按 Space 键即可逆时钟旋转 90°。

如需元件左右颠倒，在拖动过程中，按 X 键。如需元件上下颠倒，在拖动过程中，按 Y 键。

任务 3：连接元件

连线电路中起着将各个元器件之间建立连接的作用。要在原理图中连线，参照图 6-1 所示，需要完成以下步骤。

（1）为了使电路图清晰，可以按 Page Up 键来放大，或按 Page Down 键来缩小；保持 Ctrl 键按下，滚动鼠标的滑轮也可以放大或缩小；如果要查看全部视图，执行菜单命令 View→Fit All Objects。

（2）首先将电阻 R1 与三极管 Q1 的基极连接起来。执行菜单命令 Place→Wire 或在【连线】工具栏单击 ≈ 按钮进入连线模式，如图 6-19 所示，光标将变为十字状。

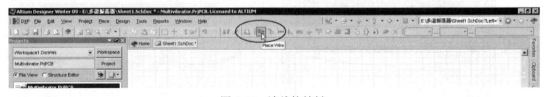

图 6-19   连线快捷键

（3）将光标放在 R1 的下端，在光标处会出现一个红色的连接标记，这表示光标在元件的一个电气连接点上。

（4）单击或按 Enter 键固定第一个导线点，移动光标时会看见一根导线从光标处延伸到固定点。

（5）将光标移到 Q1 的基极的水平位置，光标会变为一个红色连接标记，如图 6-20 所示，单击或按 Enter 键在该点固定导线。在第一个和第二个固定点之间的导线就放好了。

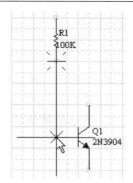

图 6-20　连线时的红色标记

（6）完成了这根导线的放置，注意光标仍然为十字状，表示目前仍放置模式。要完全退出放置模式恢复箭头光标，可右击或按 Esc 键。

（7）现在要将 C1 连接到 Q1 和 R1 的连线上。将光标放在 C1 左边的连接点上，单击或按 Enter 键开始新的连线。

（8）水平移动光标一直到 Q1 的基极与 R1 的连线上，单击或按 Enter 键放置导线段，然后右击或按 Esc 键完成该导线的放置。注意两条导线是怎样自动连接上的。

（9）参照图 6-1 所示，连接电路中的剩余部分。

（10）在完成所有的导线之后，右击或按 Esc 键退出放置模式，光标恢复为箭头形状。

（11）如果想移动元件，若想让连接该元件的连线一起移动，可在移动元件时按下并保持 Ctrl 键，或执行菜单命令 Edit→Move→Drag。

任务 4：网络和网络标记

彼此连接在一起的一组元件引脚的连线称为网络（net）。例如，一个网络包括 Q1 的基极、R1 的一个引脚和 C1 的一个引脚。

在设计中识别重要的网络是很容易的，设计者可以添加网络标记（图 6-21）。

在两个电源网络上放置网络标记的步骤如下所示。

（1）执行菜单命令 Place→Net Label 或者在工具栏上单击 按钮。在光标上将悬浮一个带点的 Netlabel1 框。

图 6-21　网络标记面板

（2）在放置网络标记之前应先编辑，按 Tab 键显示 Net Label（网络标记）对话框。

（3）在 Net 文本框输入+12V，然后单击 OK 按钮关闭对话框。

（4）在电路图上，把网络标记放置在连线上，当网络标记跟连线接触时，光标会变成红色十字准线，单击或按 Enter 键即可（注意：网络标记一定要放在连线上）。

（5）放完第一个网络标记后，仍然处于网络标记放置模式，在放第二个网络标记之前再按 Tab 键进行编辑。

（6）在 Net 文本框输入 GND，单击 OK 按钮关闭对话框并放置网络标记，如图 6-22 所示。右击或按 Esc 键退出网络标记放置模式。

（7）执行菜单命令 File→Save，保存电路。

如果电路图有某处画错了，需要删除，方法如下所示。

方法 1：执行菜单命令 Edit→Delete，然后选择需要删除的元件、连线或网络标记等即可，右击或按 Esc 键退出删除状态。

方法 2：可以先选择要删除的元件、连线或网络标记等，选中的元件会围有绿色的矩形框，如图 6-23 所示，然后按 Delete 键即可。

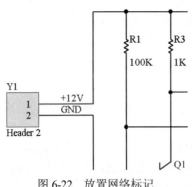

图 6-22   放置网络标记

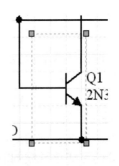

图 6-23   选中的元件

任务 5：编译项目

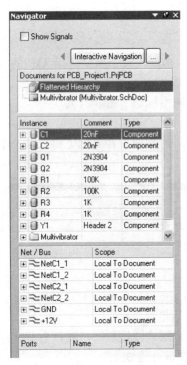

图 6-24   Navigator 面板

编译项目可以检查设计文件中的设计草图和电气规则的错误，并提供一个排除错误的环境。

（1）要编译 Multivibrator 项目，执行菜单命令 Project→Compile PCB Project Multivibrator.PrjPcb。

（2）当项目被编译后，任何错误都将显示在 Messages 面板上，如果电路图有严重的错误，Messages 面板将自动弹出，否则 Messages 面板不自动出现。

项目编译完后，在 Navigator 面板中将列出所有对象的连接关系，如图 6-24 所示。

现在，故意在电路中引入一个错误，并重新编译一次项目。

（1）在设计窗口的顶部单击 Multivibrator.SchDoc 标签，使原理图成为当前文档。

（2）在电路图中将 R1 与 Q1 基极的连线断开。执行菜单命令 Edit→Break Wire，单击想要断开的连线，或直接选中连线，按 Delete 键，进行删除。

（3）执行菜单命令 Protect→Protect Options，弹出 Options for PCB Protect Multivibrator.PrjPCB 对话框，选择 Connectoin Matrix 标签，如图 6-25 所示。

（4）单击鼠标箭头所示的地方（即 Unconnected 与 Passive Pin 相交处的方块），在方块变为图例中的 Fatal Errors 表示的颜色（红色）时停止单击，表示引件管脚如果未连线，报告错误（默认是一个绿色方块，表示运行时不给出错误报告）。

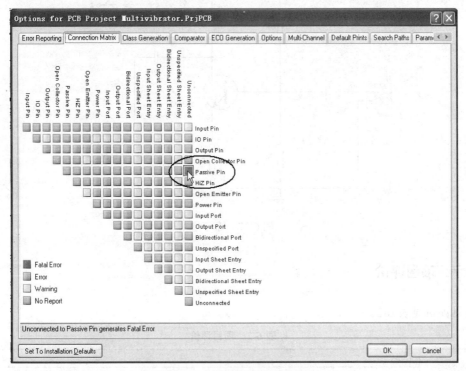

图 6-25　设置错误检查条件

（5）重新编译项目（执行菜单命令 Project→Compile PCB Project Multivibrator.PrjPcb）检查错误，自动弹出 Messages 面板，如图 6-26 所示，指出错误信息：Q1-2 引脚没有连接。

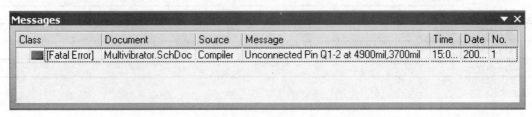

图 6-26　给出错误信息

（6）双击 Messages 面板中的错误或者警告，弹出 Compile Error 窗口，将显示错误的详细信息。从这个窗口，可单击一个错误或者警告直接跳转到原理图的相应位置去检查或修改错误。

（7）将删除的线段连通以后，重新编译项目（执行菜单命令 Project → Compile PCB Project Multivibrator.PrjPcb）检查错误。Messages 面板没有错误信息显示。

任务 6：项目练习

如图 6-27 所示画一个电路。

（1）要求图纸尺寸为 A4。

（2）画完电路后，要按照图中元件参数逐个设置元件属性，并编译项目，检查是否存在错误。

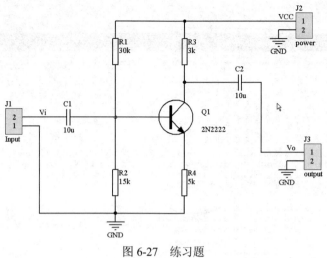

图 6-27　练习题

任务 7：项目评价

项目评价见表 6-2。

表 6-2　项目评价

学习收获	任务 1：	
	任务 2：	
	任务 3：	
	任务 4：	
	任务 5：	
	任务 6：	
综合提升		
建议要求		
教师点评		

项目 7

多谐振荡电路 PCB 设计

本项目目的：利用电子线路 CAD 软件 Altium Designer Winter 完成多谐振荡电路印制电路板（PCB）的设计，如图 7-1 所示为多谐振荡电路的原理图。通过本项目的学习，熟悉印制电路板的基础知识；熟悉掌握用 PCB 向导来创建印制电路板；掌握用封装管理器检查所有元件的封装；熟悉印制电路板的 PCB 设计；掌握在印制电路板中放置元件、修改封装和手动布线的技巧。

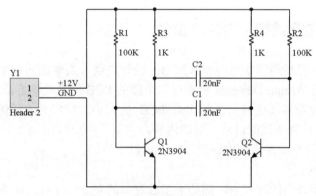

图 7-1　多谐振荡电路原理图

本项目重点：利用 CAD 软件完成印制电路板的设计，项目描述如表 7-1 所示。

表 7-1　项目描述

项目名称：多谐振荡电路	课时	
学习目标		
技能目标	专业知识目标	
能够熟练操作 Altium Designer Winter； 熟练生成网络表并导入 PCB 设计环境； 了解元件布局的技巧； 掌握修改元件封装的方法； 掌握手动布线的方法	掌握印制电路板设计的整个流程； 掌握元件、封装的概念	
学习主要内容	教学方法与手段	
1. 项目资料信息收集； 2. 确认操作流程； 3. 整理项目材料及设备使用计划； 4. 熟悉整个操作过程； 5. 项目实施； 6. 设计检测； 7. 工艺文件的编写	项目+任务驱动教学； 分组工作和讨论； 实践操作； 现场示范； 生产企业顶岗实习	

续表

教学材料	使用场地及	工具	学生知识与能力准备	教师知识与能力要求	考核与评价
电子书籍、项目计划任务书、项目工作流程、厂家设备说明书	实训室、企业生产车间	计算机、快速制板系统、手动转头、高精度数控	操作安全知识、电子专业基础知识、基本电路识图能力、熟悉 Altium Designer 的操作	具有企业工作经历、熟悉整个项目流程、3 年以上教学经验	项目开题报告、项目策划、流程制定、产品质量、总结报告、顶岗实习表现

【项目分析】

项目要求如下：

（1）根据原理图生成网络表文件。

（2）根据工艺要求绘制单面印制电路板，印制电路板的工艺要求如下所示。

① 印制电路板的尺寸为 2in×2in；

② 保证双面板设计；

③ 地线宽度为 25mil，电源线宽度设置为 18mil，其他数据线宽度设置为 12mil。

【项目任务实施】

任务 1：创建印制电路板（PCB）文件

在将原理图设计转换为印制电路板（PCB）设计之前，需要创建一个有最基本的轮廓的空白印制电路板。在 Altium Designer 中创建一个新的 PCB 的最简单方法是使用 PCB 向导，它可让设计者根据行业标准选择自己创建的 PCB 的大小。在向导的任何阶段，设计者都可以单击 Back 按钮来检查或修改以前一页的内容。

要使用 PCB 向导来创建印制电路板，需完成以下步骤。

（1）找到 PCB 向导

一般编辑修改原理图的过程中，都处于工程窗口的左下方 Projects 面板下，首先将操作界面切换到 Files 面板，如图 7-2 所示。

在 Files 面板底部的 New from template 单元单击 PCB Board Wizard 创建新的 PCB。如果这个选项没有显示在屏幕上，单击向上的箭头图标关闭上面的一些单元，如图 7-3 所示。

（2）打开 PCB Board Wizard，首先看见的是如图 7-4 所示的介绍界面，单击 Next 按钮继续。

（3）第二页：设置度量单位为英制（Imperial）。注意，1000mils= 1in（英寸）、1in= 2.54cm，如图 7-5 所示。

（4）第三页：允许设计者选择要使用的轮廓。在本例中可使用自定义的印制电路板尺寸，如图 7-6 所示，从印制电路板轮廓列表中选择 Custom，单击 Next 按钮。

（5）第四页：进入了自定义板项。在本例电路中，一个 2in×2in 的印制电路板便足够了。选择 Rectangular 并在 Width 和 Height 栏输入 2000。保留 Title Block and Scale、Legend String 和 Dimension Lines 复选框，取消 Corner Cutoff 和 Inner Cutoff 复选框，如图 7-7 所示。单击 Next 按钮继续。

（6）第五页：允许选择印制电路板的层数。本项目需要两个 Signal Layers，不需要 Power Planes，所以将 Power Planes 下面的选择框改为 0，如图 7-8 所示，单击 Next 按钮继续。

（7）第六页：在设计中使用过孔（via）样式选择 Thruhole Vias only，如图 7-9 所示，单击 Next 按钮继续。

图 7-2　Projects 面板与 Files 面板

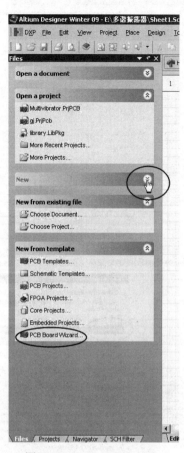

图 7-3　PCB Board Wizard

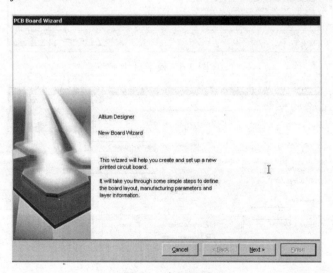

图 7-4　介绍界面

（8）第七页：设置元件/导线的技术（布线）选项。选择 Through-hole components 选项，代表这块印制电路板上的元件，大部分都是直插元件；Surface-mount components 选项，代表这块印制电路板上的元件，大部分都是贴片元件。

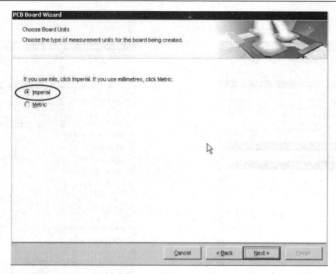

图 7-5　单位为英制

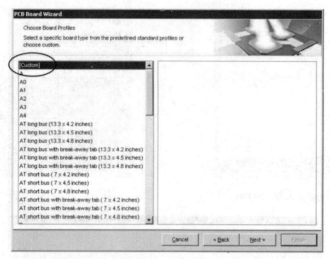

图 7-6　板子尺寸

图 7-7　印制电路板的形状设置

图 7-8　设置板子层数

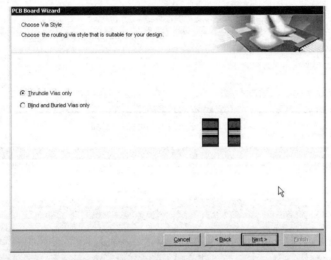

图 7-9　过孔样式

然后将相邻焊盘（pad）间的导线数设为 One Track，如图 7-10 所示，单击 Next 按钮继续。

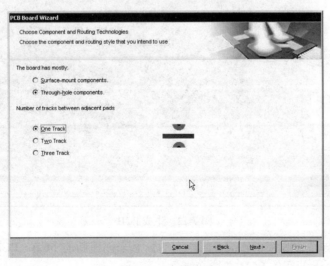

图 7-10　布线选项

（9）第八页：用于设置一些设计规则，如线的宽度、焊盘的大小，焊盘孔的直径，导线之间的最小距离如图 7-11 所示，在这里使用默认值。单击 Next 按钮继续。

（10）第九页：最后一页，单击 Finish 按钮。 PCB Board Wizard 已经设置完所有创建新 PCB 所需的信息。PCB 编辑器中将显示一个新的 PCB 文件，名为 PCB1.PcbDoc，如图 7-12 所示。

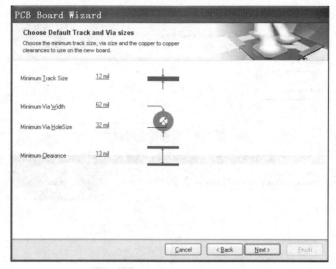

图 7-11　设置相关的设计规则

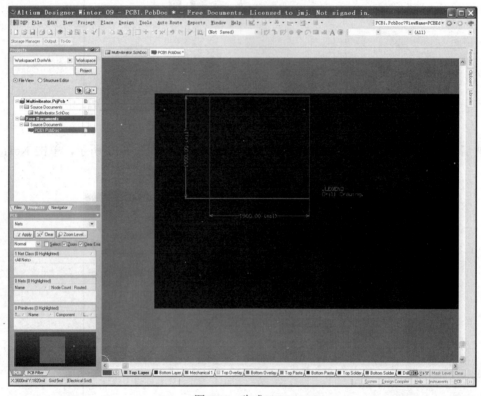

图 7-12　生成 PCB

（11）PCB 向导现在收集了它需要的所有的信息来创建新的 PCB。PCB 编辑器将显示一个名为 PCB1.PcbDoc 的新的 PCB 文件。

（12）PCB 文档显示的是一个空白的印制电路板（带栅格的黑色区域），如图 7-12 所示。

（13）执行菜单命令 View→Fit Board 将只显示印制电路板的形状。

（14）执行菜单命令 File→Save As 来将新 PCB 文件重命名（用*.PcbDoc 扩展名）。一定要把这个 PCB 保存在工程所在的位置，即"E:\多谐振荡器"文件夹中。在文件名栏里输入文件名 Multivibrator.PcbDoc 并单击【保存】按钮。

如果想将工程中之前的文件重新命名，如原理图文件 Sheet1，只需要在文件名上右击，选择 File→Save As，可将文件重命名，文件名修改为 Multivibrator，后缀名保持不变，仍为.PcbDoc，如图 7-13 所示。

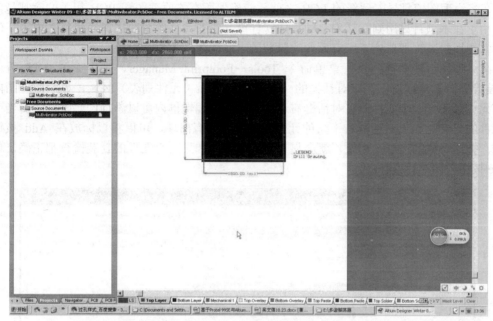

图 7-13　Multivibrator.PcbDoc 文件在项目文件夹下

（15）这时，添加到项目的 PCB 是以自由文件打开的，如图 7-13 所示，在 Projects 面板的 Free Documents 单元右击 PCB 文件，选择 Add to Project。这样 PCB 文件已经被列在 Projects 下的 Source Documents 中，并与其他项目文件相连接。

设计者也可以直接将自由文件夹下的 Multivibrator.PcbDoc 文件拖到项目文件夹下。保存项目文件如图 7-14 所示。

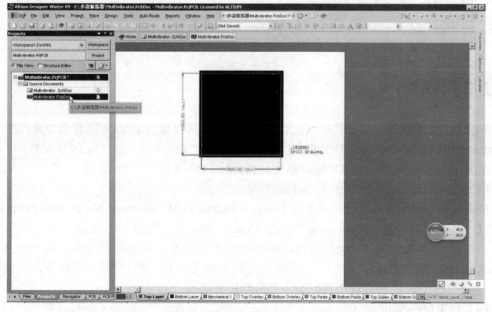

图 7-14　PCB 文件自由方式打开

任务 2: 检查元件封装

在将原理图信息导入到新的 PCB 之前,应确保所有与原理图和 PCB 相关的库都是可用的。由于在本项目只用到默认安装的集成元件库,所有元件的封装也已经包括在内了。但是为了掌握用封装管理器检查所有元件的封装的方法,还应该执行以下操作。

在原理图编辑器内,执行菜单命令 Tools→Footprint Manager,弹出如图 7-15 所示的【封装管理器】对话框。在该对话框的 Component List(元件列表)区域,显示原理图内的所有元件。选择一个元件,在对话框右边的封装管理编辑框内可以添加、删除、编辑当前选中元件的封装。如果对话框右下角的元件封装区域没有出现,可以将鼠标放在 Add 按钮的下方,把这一栏的边框往上拉,就会显示封装区域。如果所有元件的封装检查都正确,单击 Close 按钮关闭对话框。

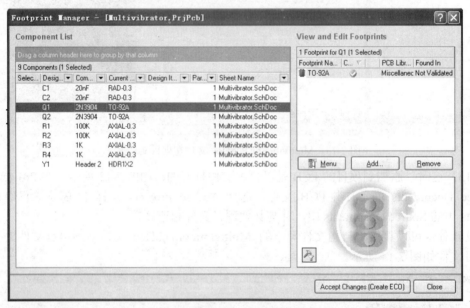

图 7-15 【封装管理器】对话框

任务 3: 导入设计

如果项目已经编辑并且原理图中没有任何错误,则可以使用 Update PCB 命令来产生 ECO (Engineering Change Orders 工程变更命令),它将把原理图信息导入到目标 PCB 文件。

更新 PCB,将项目中的原理图信息发送到目标 PCB 文件。

(1)打开原理图文件 Multivibrator.SchDoc。

(2)在原理图编辑器执行菜单命令 Design→Update PCB Document Multivibrator.PcbDoc,弹出【工程变更命令】(Engineering Change Order)对话框,如图 7-16 所示。

(3)单击 Validate Changes 按钮,验证有无不妥之处,如果执行成功,则在状态列表 (Status)Check 中将会显示✓符号;若执行过程中出现问题,将会显示✗符号,关闭对话框。检查 Messages 面板查看错误原因,并清除所有错误。

(4)如果单击 Validate Changes 按钮,没有错误,则单击 Execute Changes 按钮,将信息

发送到 PCB。当完成后，状态列表中 Done 列将被标记。

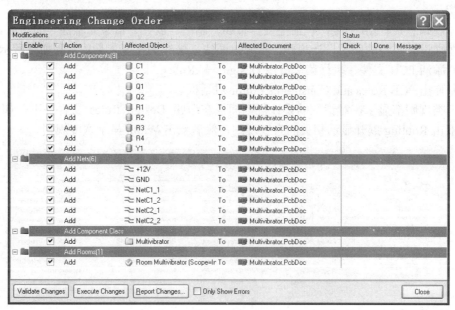

图 7-16 【工程变更命令】对话框

（5）单击 Close 按钮打开目标 PCB 文件，且元件也放在 PCB 边框外准备放置。如果在当前视图不能看见元件，可执行菜单命令 View→Fit Document 查看文档，如图 7-17 所示。

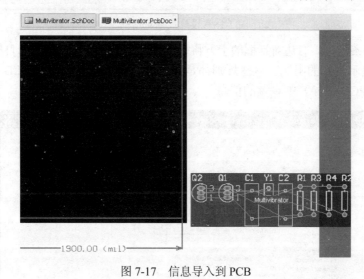

图 7-17 信息导入到 PCB

（6）PCB 文档显示了一个默认尺寸的白色图纸，要关闭图纸，执行菜单命令 Design→Board Options，在 Board Options 对话框取消选择 Design Sheet。

任务 4：设置 PCB 设计规则——设置线宽

Altium Designer 的 PCB 编辑器是一个规则驱动环境。这意味着，在改变设计的过程中，如放置导线、移动元件或者自动布线，Altium Designer 都会监测每个动作，并检查设计是否仍然完全符合设计规则。如果不符合，则会立即发出警告提示，甚至出现错误提示。因此在设计之前先设置设计规则是非常有必要的，因为一旦出现错误，软件就会发出相应的提示。

设计规则总共有 10 个类，包括电气、布线、制造、放置、信号完整性等的约束。

现在来设置必要的新的设计规则，指明电源线、地线的宽度。具体步骤如下所示。

（1）激活 PCB 文件，执行菜单命令 Design → Rules。

（2）弹出 PCB Rules and Constraints Editor 对话框。

每一类规则都显示在对话框的设计规则面板左边的 Design Rules 文件夹下，如图 7-18 所示。双击 Routing 展开显示相关的布线规则，然后双击 Width 显示宽度规则。

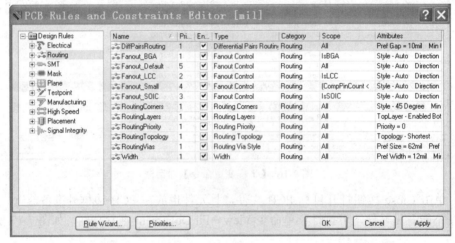

图 7-18　设计规则对话框

（3）选择每条规则，右边对话框的上方将显示规则的范围（被选规则的目标），如图 7-19 所示，下方将显示规则的限制。这些规则都是默认值，或是在创建新的 PCB 文件时在 PCB Board Wizard（PCB 向导）中设置的信息。

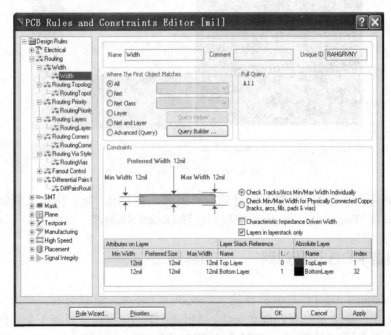

图 7-19　设置 Width 规则

（4）单击 Width 规则，显示它的范围和约束，如图 7-19 所示，本规则适用于整个印制电路板。

Altium Designer 的设计规则系统有一个强大功能，即同种类型可以定义多种规则，每个规则有不同的对象，每个规则目标的确切设置是由规则的范围决定的，规则系统使用预定义优先级，来确定规则适用的对象。

例如，可以有对接地网络（GND）的宽度约束规则，也可以有一个对电源线（+12V）的宽度约束规则（这个规则忽略前一个规则），可能有一个对整个印制电路板的宽度约束规则（这个规则忽略前两个规则，即所有的导线除电源线和地线以外都必须是这个宽度），规则依优先级顺序显示。

（1）在 Design Rules 规则面板选择 Width 类，右击，在弹出的快捷菜单中选择 New Rule，出现一个新的名为 Width_1 的规则；然后再次右击并选择 New Rule，出现一个新的名为 Width_2 的规则，如图 7-20 所示。

（2）在 Design Rules 面板，单击新的名为 Width_1 的规则，以修改其范围和约束，如图 7-21 所示。

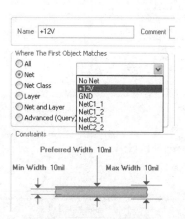

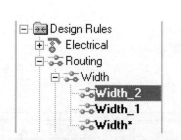

图 7-20　添加 Width_1、Width_2 线宽规则　　　图 7-21　选择+12V 网络

（3）在 Name（名称）文本框输入+12V，名称会在 Design Rules 中自动更新。

（4）在 Where The First Object Matches 栏选择单选按钮 Net，在选择框内单击向下的箭头，选择+12V，如图 7-21 所示。

（5）在 Constraints 栏，单击旧约束文本（10mil）并输入新值，将最小线宽（Min Width）、首选线宽（Preferred Width）和最大线宽（Max Width）均改为 18mil。注意必须在修改 Min Width 的值之前先设置 Max Width 的值，如图 7-22 所示。

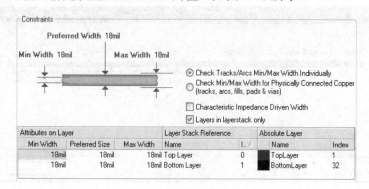

图 7-22　修改线的宽度

（6）用以上的方法,在 Design Rules 面板单击名为 Width_2 的规则以修改其范围和约束。Name 文本框输入 GND；在 Where The First Object Matches 栏选择单选按钮 Net，在选择框内单击向下的箭头，选择 GND；将 Min Width、Preferred Width 和 Max Width 均改为 25mil。

注意导线的宽带由设计者自己决定，主要取决于印制电路板的大小与元件的疏密度。

（7）最后，单击最初的印制电路板范围宽度规则名 Width，将 Min Width、Preferred Width 和 Max Width 均改为 12mil。

（8）单击 Priorities 按钮，可以进行优先级设置，如图 7-23 所示。

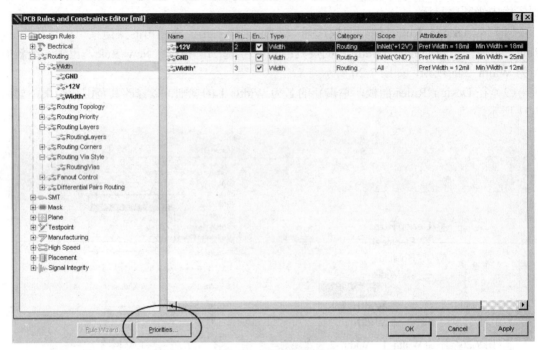

图 7-23　优先级设置

弹出如图 7-24 所示的线宽优先级对话框，Priority（优先级）列的数字越小，优先级越高。可以单击 Decrease Priority 按钮减少选中对象的优先级，单击 Increase Priority 按钮增加选中对象的优先级，图 7-24 所示的 GND 的优先级最高，Width 的优先级最低，单击 Close 按钮，关闭 Edit Rule Priorities 对话框，单击 OK 按钮，关闭 PCB Rules and Constraints Editor 对话框。

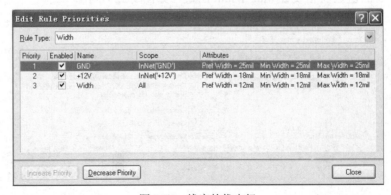

图 7-24　线宽的优先级

任务 5：放置 PCB 元件

1）放置元件

（1）按 V→D 键，将显示整个印制电路板和所有元件。

（2）现在放置连接器 Y1，将光标放在连接器 Y1 的中部上方，按下鼠标左键不放。光标会变成一个十字形状并跳到元件的参考点。

（3）移动鼠标拖动元件。

（4）拖动时，按 Space 键可将元件旋转 90°，然后将其定位在印制电路板的左边，如图 7-25 所示。

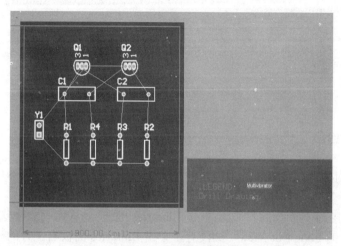

图 7-25　放置元件

（5）元件定位好后，松开鼠标左键，注意元件的飞线将随着元件被拖动。

（6）参照图 7-25 所示放置其余的元件。当拖动元件时，尽量使用 Space 键来旋转元件，让该元件与其他元件之间的飞线距离最短，如图 7-25 所示。

元件文字可以用同样的方式来重新定位：按下鼠标左键不放来拖动文字，按 Space 键旋转。

Altium Designer 具有强大而灵活的放置工具，使用这些工具可以保证 4 个电阻正确地对齐并具有合适的间隔。

2）对齐元件

（1）按住 Shift 键，分别单击 4 个电阻进行选择，或者拖拉选择框包围 4 个电阻。

（2）光标放在被选择的任一个电阻上，变成带箭头的黑色十字光标，右击，在弹出的快捷菜单中选择 Align→Align Bottom（图 7-26），则 4 个电阻就会沿着它们的下边对齐；右击，在弹出的快捷菜单中选择 Align→Distribute Horizontally（图 7-26），则 4 个电阻就会水平等距离放好。

（3）如果这 4 个电阻偏左，也可以整体向右移动。

（4）在设计窗口的其他任何地方单击，则取消选择所有的电阻，这 4 个电阻等间距对齐了。

（5）把 PCB 边框以外的 Multivibrator Room 块删除，即如图 7-25 所示的黑色编辑区域右边的块，选中 Multivibrator Room 块，按 Delete 键即可。

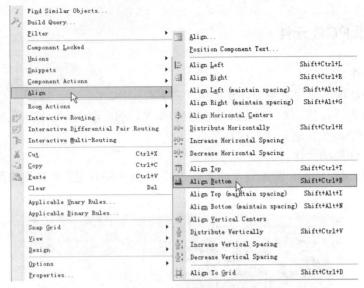

图 7-26　排列对齐元件

任务 6：修改封装

现在已经将封装都定位好了，但电容的封装尺寸太大，需要改作更小尺寸的封装。此时可执行以下步骤。

（1）首先要找到一个新的封装。单击 Libraries 面板，从库列表中选择 Miscellaneous Deivices.IntLib 中的 Footprint View，如没有，单击 Libraries 面板右上方的…按钮，在弹出的对话框中选中 Footprints，如图 7-27 所示。

若想要一个小一些的 radial 类型的封装，可在过滤器文本框中输入 rad，单击封装名就会看见与这名字相联系的封装，其中的封装 RAD-0.1 就是所需要的，如图 7-28 所示。

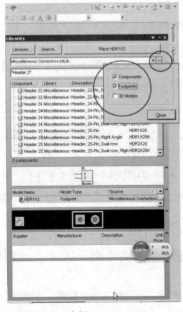

图 7-27　选择 Footprint View

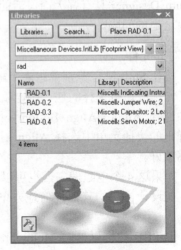

图 7-28　显示元件的封装

（2）在 PCB 上双击电容 C1，弹出 Component C1 对话框，在 Footprint 中将 Name 改为 RAD-0.1。

或者单击 Name 右边的…按钮，如图 7-29 所示，弹出 Browse Libraries 对话框如图 7-30 所示，选择 RAD-0.1，单击 OK 按钮即可。

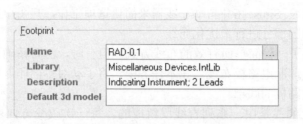

图 7-29　Component C1 对话框

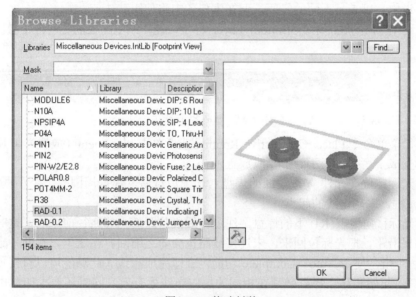

图 7-30　修改封装

现在的印制电路板如图 7-31 所示。每个对象都定位放置好后，就可以开始布线了！

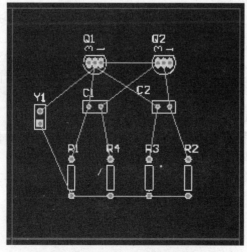

图 7-31　布好元件的印制电路板

任务 7：手动布线

布线是在印制电路板上通过走线和过孔连接元件的过程。Altium Designer 通过提供先进的交互式布线工具以及 Situs 拓扑自动布线器来简化这项工作，只需单击一个按钮就能对整个印制电路板或其中的部分进行最优化布线。

自动布线器提供了一种简单而有效的布线方式。但有时，需要精确地控制排布线，则可以手动为部分或整块印制电路板布线。在本任务中，将手动对单面印制电路板进行布线，将所有线都放在印制电路板的底部。

在印制电路板上的线是由一系列直线段组成的。每一次改变方向就是一条新线段的开始。此外，默认情况下，Altium Designer 会限制走线为纵向、横向或 45° 的方向。这种限制可以进行设定，以满足不同的需要，但在本任务中将使用默认值。

（1）在设计窗口的底部单击 Bottom Layer 标签，使印制电路板的底层处于激活状态（图 7-32）。

图 7-32　激活 PCB 底层

（2）执行菜单命令 Place→Interactive Routing 或者单击 Placement（放置）工具栏中的 按钮，光标变成十字状，表示处于导线放置模式。

（3）将光标定位在元件 Y1 较低的焊盘（选中焊盘后，焊盘周围有一个小框围住）。单击或按 Enter 键，以确定线的起点。

（4）将光标移向电阻 R1 下的焊盘。注意：线段是跟随光标路径前进的，这时线段还没被放置。如果沿路径把光标拉回来，未连接线路也会随之缩回。在这里，有两种走线方式。

① Ctrl+单击，使用 Auto－Complete 功能，立即完成布线（此功能可以直接使用在焊盘或连接线上）。起始和终止焊盘必须在相同的层内布线才有效，同时还要求印制电路板上的任何障碍都不会妨碍 Auto－Complete 的工作。对较大的印制电路板，Auto－Complete 路径可能并不总是有效的，因为走线路径是一段接一段地绘制的，而从起始焊盘到终止焊盘的完整绘制有可能根本无法完成。

② 按 Enter 键或单击接线，设计者可以直接对目标 R1 的引脚接线。在完成了一条网络的布线后，右击或按 Esc 键表示已完成了该条导线的放置。光标仍然是十字状，表示仍然处于导线放置模式，准备放置下一条导线。用上述方法就可以布其他导线。要退出导线放置模式（十字形状）应右击或按 Esc 键。按 End 键重画屏幕，这样设计者能清楚地看见已经布线的网络。

（5）未被放置的线用虚线表示，被放置的线用实线表示。

（6）使用上述任何一种方法，均可在印制电路板上的其他元器件之间布线。在布线过程中按 Space 键将线段起点模式切换到水平、45°、垂直 3 种。

（7）如果认为某条导线连接得不合理，可以删除这条线。具体方法是，选中该条线，按 Delete 键删除所选的线段，然后重新布这条线。

（8）完成印制电路板上的所有连线后，如图 7-33 所示，按 Esc 键退出导线放置模式。

（9）保存设计（按 Alt+F，S 键或按 Ctrl+S 键）。

布线的时候请记住以下几点。

① 单击或按 Enter 键，可将线放置在当前光标的位置，已布置的线将以当前层的颜色显示为实体。

② 完成布线并希望开始新的布线时，可右击或按 Esc 键。

③ 在任何时间按 Alt+V，F 键可重新调整屏幕以适应所有的对象。

④ 在任何时候按 Page UP 键或按 Page Down 键，则软件以光标的位置为中心缩放视图，此时可用鼠标滚轮向上边和下边平移视图。按住 Ctrl 键，用鼠标滚轮同样可以对视图进行放大和缩小。

⑤ 使用 Shift+Space 来选择各种线的角度模式。角度模式包括任意角度，45°，弧度 45°，90° 和弧度 90°，按 Space 键可切换角度。

⑥ 在任何时间按 End 键可刷新屏幕。

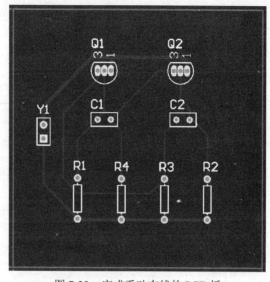

图 7-33　完成手动布线的 PCB 板

任务 8：项目练习

如图 7-34 所示是上一个项目的练习题原理图，本项目练习题是上一个项目练习题的继续，请按照以下要求完成图 7-34 所示电路的 PCB 设计。

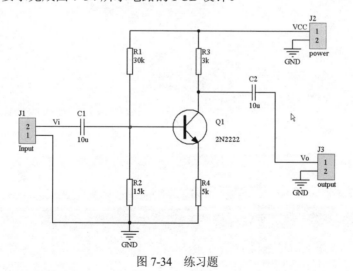

图 7-34　练习题

（1）形成该电路的网络表。

（2）根据工艺要求设计 PCB，PCB 工艺要求如下。

① 印制电路板尺寸为 2in×3in；

② 保证单面板设计；

③ 地线 GND 宽度为 20mil，电源 VCC 宽度设置为 20mil，其他数据线设置为 12mil；

④ 手动布线。

任务 9：项目评价

项目评价见表 7-2。

表 7-2　项目评价

学习收获	任务 1:	
	任务 2:	
	任务 3:	
	任务 4:	
	任务 5:	
	任务 6:	
	任务 7:	
	任务 8:	
综合提升		
建议要求		
教师点评		

项目 8

三极管放大电路原理图与 PCB 设计

本项目目的：利用电子线路 CAD 软件 Altium Designer Winter 完成三极管放大电路原理图和印制电路板的设计，如图 8-1 所示为三极管放大电路的原理图。本项目电路简单，元件种类较少，对印制电路板设计的要求不高，同学们对此电路比较熟悉。在元件种类方面，本项目有电阻、电容、三极管等常见元器件；在印制电路板设计方面，采用 PCB 设计向导、手动布局、自动布线等方法。

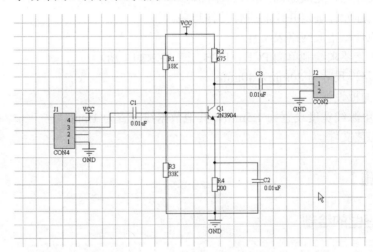

图 8-1　三极管放大电路原理图

本项目重点：创建项目和原理图，利用软件正确绘制原理图，并确定图 8-1 中元件的封装，学习检查电路原理图中的错误并修改，最后完成印制电路板（PCB）的设计，项目描述见表 8-1。

表 8-1　项目描述

项目名称：三极管放大电路		课时	
学习目标			
技能目标		专业知识目标	
能够熟练操作 Altium Designer 软件； 熟悉原理图的绘制过程； 熟悉元件的放置、调试； 能够改正原理图绘制过程中的常见错误； 熟练生成网络表并导入 PCB 设计环境； 了解元件布局的技巧； 掌握工艺文件的编写		掌握印制电路板的设计流程； 掌握元件、封装的概念； 掌握编写工艺文件的意义	

学习主要内容	教学方法与手段
1. 项目资料信息收集； 2. 确认操作流程； 3. 整理项目材料及设备使用计划； 4. 熟悉整个操作过程； 5. 项目实施； 6. 设计检测； 7. 工艺文件的编写	项目+任务驱动教学； 分组工作和讨论； 实践操作； 现场示范； 生产企业顶岗实习

教学材料	使用场地及	工具	学生知识与能力准备	教师知识与能力要求	考核与评价
电子书籍、项目计划任务书、项目工作流程、厂家设备说明书	实训室、企业生产车间	计算机、快速制板系统、手动转头、高精度数控	操作安全知识、电子专业基础知识、基本电路识图能力、熟悉Altium Designer 的操作	具有企业工作经历、熟悉整个项目流程、3年以上教学经验	项目开题报告、项目策划、流程制定、产品质量、总结报告、顶岗实习表现

【项目分析】

项目要求如下。

（1）根据实际电路完成原理图的设计并添加参数。

（2）根据实际元件确定并绘制所有元件封装。

（3）根据原理图生成网络表文件。

（4）根据工艺要求绘制单面 PCB，PCB 工艺要求如下所示。

① 印制电路板尺寸为 80mm×40mm；

② 保证双面板设计；

③ 地线、电源线宽度设置为 1.5mm，其他数据线设置为 1mm。

（5）编制工艺文件。

【项目任务实施】

任务 1：原理图的绘制

执行菜单命令 File→New→Project→PCB Project，再执行菜单命令 File→Save Project As，出现一个 Save Project As 的对话框，输入文件名（扩展名默认为.prjpcb），选择合适的存储位置，本项目中，文件名为三极管放大电路，文件位置存放在 E:\altium designer 项目设计。

执行菜单命令 File→New→Schematic，即可完成新的原理图文件的创建，默认名为 Sheet1.Sch，执行菜单命令 File→Save As，出现一个 Save As 对话框，输入文件名（扩展名默认为.sch），按路径选择，可选择合适的位置，本项目中文件名为三极管放大电路，文件位置存放在 E:\altium designer 项目设计。

在绘制电路图之前首先要做的是设置合适的文档选项。具体步骤如下所示。

（1）执行菜单命令 Designe→Document Options，打开【文档选项】对话框，如图 8-2 所示。在此需要修改的是将图纸大小（sheet size）设置为标准的 A4 格式。在 Sheet Option 标签中，找到 Standard Styles 栏。单击下拉箭头将看见图纸样式的列表，如图 8-2 所示。

（2）选择 A4 样式，单击 OK 按钮关闭对话框，更新图纸的大小。

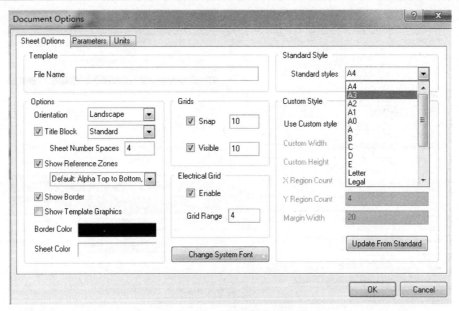

图 8-2 【文档选项】对话框

（3）为将文件全部显示在可视区，执行菜单命令 View→Fit Document。在 Altium Designer 中，设计者可以通过只按照菜单热键（在菜单名中带下画线的字母）来激活任何菜单。例如，对于执行菜单命令 View→Fit Document 的热键，就是在按了 V 键后按 D 键。许多子菜单，诸如 Edit→Deselect 菜单，是可以直接调用的。要激活 Edit→Deselect→All on Current Document 菜单项，只需要按 X 键（用于直接调用 Deselect 菜单）及 A 键即可。

任务 2：检查元件封装

经过上一个任务，已经学会了如何完成电路原理图的绘制和元件属性的修改。本项目所有使用到的元件，都可以在系统自带的元件库 Miscellaneous Devices.IntLib 和 Miscellaneous Connectors.IntLib 中找到，请自行查找并绘制原理图。

在如图 8-1 所示的电路原理图中，增加了 VCC 与 GND 两个网络，这两个网络可以在工具栏中找到，如图 8-3 所示，其放置方法与放置元件方法一致。

图 8-3 放置 VCC 与 GND

要检查所选元件的封装，可双击任意一个元件，如电阻 R1，打开元件【属性】对话框，如图 8-4 所示，在该对话框中修改属性。

本项目的电路原理图中，需要确定封装的元器件有电阻、电容、三极管、连接件，所有元件封装见表 8-2。

原理图中的所有元件封装在元件封装库中可以找到，设计 PCB 图之前，关键是要正确确认各个元件的封装参数，使元件放置在印制电路板上的位置准确，安装方便。确定元件封装参数的方法主要有两种，一种是根据生产厂家提供的元件外观数据文件，另一种是对元件进行实际测量。本项目直接使用系统自带封装，所以不需要确认元件封装的参数。

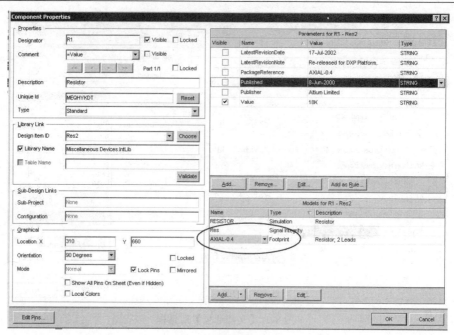

图 8-4　检查元件封装

表 8-2　所有元件封装

元件名称	封装（Footprint）
电阻	AXIAL0.4
无极性电容	RAD0.3
三极管	TO-92A
CON2	HDR1X2
CON4	HDR1X4

任务 3：创建 PCB 文件

在将原理图设计转换为 PCB 设计之前，需要创建一个有最基本的印制电路板轮廓的空白 PCB。在 Altiun Designer 中创建一个新的 PCB 设计的最简单方法是使用 PCB 向导方法。该方法在之前的项目中已经描述，此处不再赘述。

PCB 向导可让设计者根据行业标准选择自己创建的印制电路板的大小。在向导的任何阶段，设计者都可以按 Back 按钮来检查或修改以前页的内容。

要使用 PCB 向导来创建 PCB，完成以下步骤。

（1）在 Files 面板的底部的 New from template 区域单击 PCB Board Wizard 创建新的 PCB。如果这个选项没有显示在屏幕上，单击向上的箭头关闭上面的一些选项即可。

（2）打开 PCB Board Wizard，首先看见的是第一页，即介绍页，单击 Next 按钮继续。

（3）第二页：设置度量单位为公制（Metric），如图 8-5 所示。

（4）第三页：允许设计者选择要使用的印制电路板轮廓。在本项目中设计者使用自定义的板子尺寸，从印制电路板轮廓列表中选择 Custom，单击 Next 按钮。

（5）第四页：进入了自定义选项。在本项目电路中，一个 80mm×40mm 的矩形板就足够了。选择 Rectangular 并在 Width 和 Height 栏输入 80、40。保留 Title Block and Seale、LegendString 和 Dimension Lines 复选框，去掉 Corner Cutoff 和 Inner Cutoff 复选框，如图 8-6

所示，单击 Next 按钮继续。

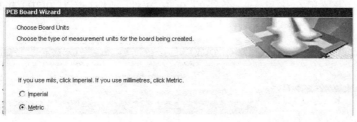

图 8-5　设置单位为公制

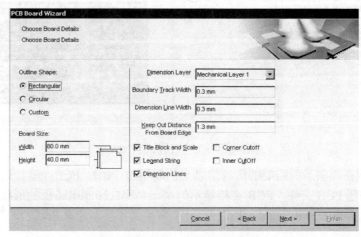

图 8-6　设置 PCB 板的形状

（6）第五页：允许选择板的层数。本项目中需要 2 个 Signal Layers，不需要 Power Planes，所以将 Power Planes 下面的选择框改为 0。单击 Next 按钮继续。

（7）第六页：设计中使用过孔（Via）样式，选择 Thruole Vias only，单击 Next 按钮继续。

（8）第七页：在这一页允许设置原件/导线的技术（布线）选项。选择 Through-hole components 选项，将领焊盘（Pad）间的导线数设为 OneTrack。单击 Next 按钮继续。

（9）第八页：用于设置一些设计规则，如线的宽度，过孔大小，导线之间的最小距离，如图 8-7 所示，在这里使用默认值。单击 Next 按钮继续。

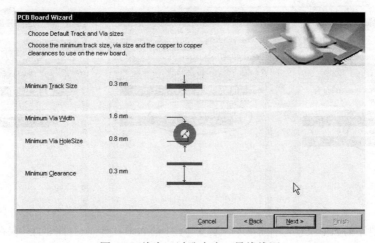

图 8-7　线宽、过孔大小、导线线距

（10）单击 Finish 按钮。所有创建 PCB 所需的信息已经设置完成，PCB 文件已经创建完成。PCB 编辑器现在将显示一个新的 PCB 文件，默认名为 PCB1.PcbDoc，如图 8-8 所示。

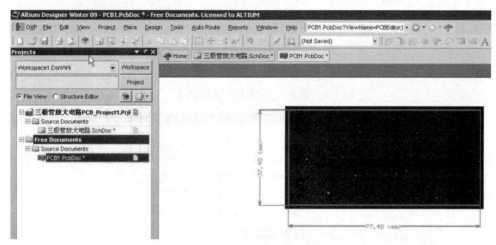

图 8-8　一个空白的 PCB 文件

PCB 向导现在收集了所需要的所有信息来创建新的 PCB。PCB 编辑器将显示一个名为 PCB1.pcbDoc 的新 PCB 文件，PCB 文档显示的是一个空白印制电路板的形状。

执行菜单命令 File→Fit Board（热键 V，F）将只显示印制电路板这个区域。

任务 4：保存 PCB 文件

（1）现在，添加到项目的 PCB 是以自由文件打开的，如图 8-9 所示。

（2）可以直接将自由文件夹下的 PCB 文件拖到项目文件夹下，如图 8-10 所示。

（3）执行菜单命令 File→Save As 来重命名新的 PCB 文件（用.PcbDoc 扩展名）。指定设计者要把这个 PCB 保存在硬盘上，在文件名栏里输入文件名"三极管放大电路.PcbDoc"并单击【保存】按钮，如图 8-11 所示，白颜色代表 PCB 文件已经保存。

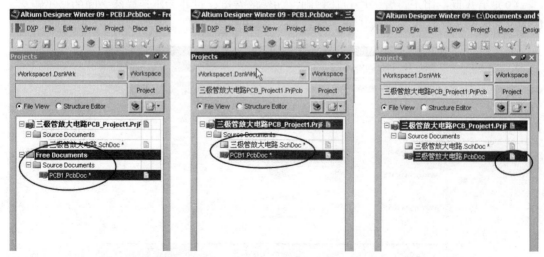

图 8-9　自由文件下的 PCB 文件　　图 8-10　项目文件夹下的 PCB 文件　　图 8-11　保存 PCB 文件

任务 5：用封装管理器检查所有元件的封装

在将原理图信息导入到新的 PCB 之前，需确保所有与原理图和 PCB 相关的库都是可用的。由于在本项目中只用到默认安装的集成元件库，所有元件的封装也已经包括在内了。但是为了掌握用封装管理器检查所有元件封装的方法，所以还是把操作方法介绍一下。

在原理图编辑器内，执行菜单命令 Tools→Footprint Manager，弹出如图 8-12 所示的【封装管理器】对话框。在该对话框的元件列表（Component List）区域，显示原理图内的所有文件。选中一个元件时，在对话框右边的封装管理编辑框内，可以添加、删除、编辑当前选中的元件封装。如果对话框右下角的元件封装区域没有出现，可以将鼠标放在 Add 按钮的下方，把这一栏的边框往上拉，就会显示封装图的区域。如果所有元件的封装检查都正确，单击 Close 按钮关闭该对话框。

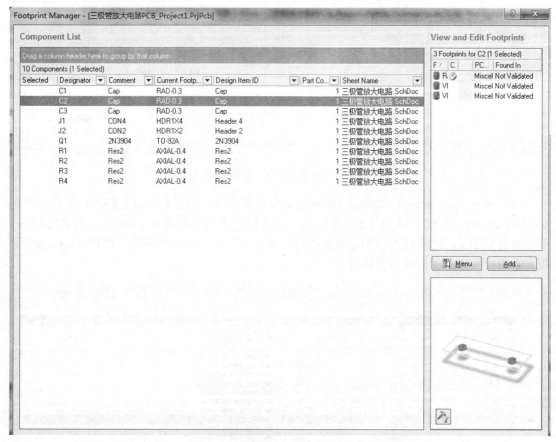

图 8-12　【封装管理器】对话框

任务 6：导入设计

如果项目已经编辑且原理图中没有任何错误，则可以使用 Update PCB 命令产生 ECO（Engineering Change Orders 工程变更命令），它将把原理图信息导入到目标 PCB 文件中。

现在更新 PCB，将项目中的原理图信息发送到目标 PCB 文件中。

（1）打开原理图文件"三极管放大电路.SchDoc"。

（2）在原理图编辑器中执行菜单命令 Design→Update PCB Document Multivibrator. PcbDoc，如图 8-13 所示。要想执行这一步，必须保证处于原理编辑环境中。

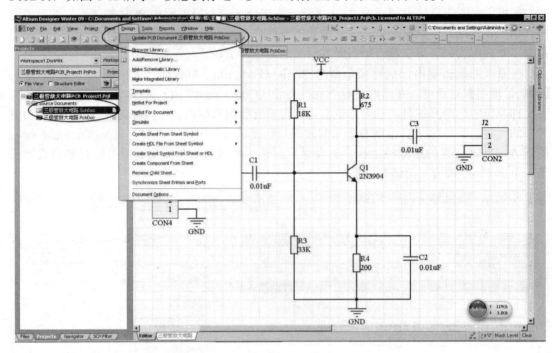

图 8-13　原理图环境下，更新 PCB 文件

（3）弹出 Engineering Change Order（工程变更命令）对话框，如图 8-14 所示。单击 Validate Changes 按钮，验证有无不妥之处，如果执行成功则在 Status（状态）列表的 Check 列中将会显示√；若执行过程中出现问题将会显示×符号，关闭对话框。检查 Messages 面板查看错误原因，并清除所有错误。

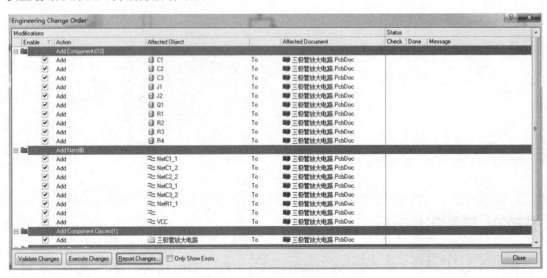

图 8-14　工程变更命令对话框

（4）如果单击 Validate Changes 按钮后，没有错误，则可单击 Execute Changes 按钮，将

信息发送到 PCB 文件。完成后，Done 列将被标记，如图 8-15 所示。

（5）单击 Close 按钮，打开目标 PCB 文件，元件也放在印制电路板边框的外面以准备
放置。如果在当前视图不能看见文件，执行菜单命令 View→Fit Document（或使用热键 V
和 D）查看文档，如图 8-16 所示。

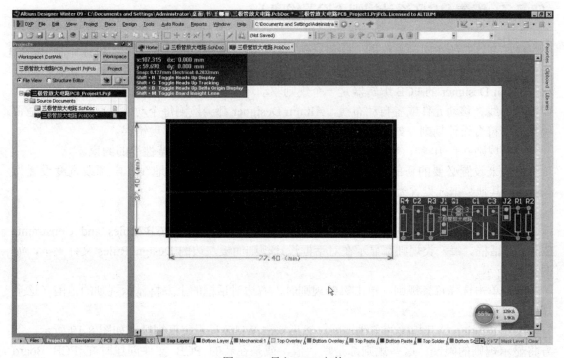

图 8-15　单击 Validate Changes、Execute Changes 按钮后的对话框

图 8-16　导入 PCB 文件

（6）文档显示了一个默认尺寸的白色图纸，要想关闭图纸，执行菜单命令 Design→
BoardOptins，在 Board Options 对话框中取消选择 Design Sheet，如图 8-17 所示。

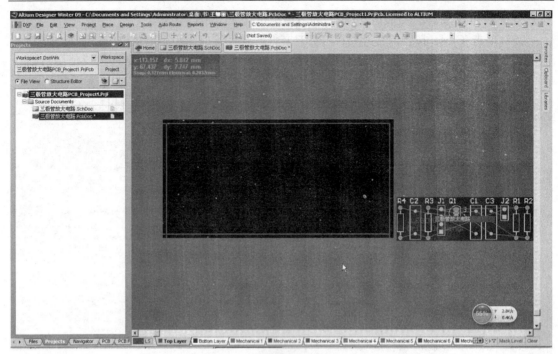

图 8-17　去掉默认的白色图纸

任务 7：设置 PCB 设计规则（设置线宽）

现在可以开始在印制电路板上放置元件并在印制电路板上布线。在开始设计印制电路板之前需要做一些设置，在这里只介绍设计印制电路板的必要设置，其他设置使用默认值。

Altiun Designer 的 PCB 编辑器是一个规则驱动环境。这意味着，在改变设计的过程中，如放置导线、移动元件或者自动布线，Altium Designer 都会检测每个动作，并检查设计是否仍然完全符合设计规则。如果不符合，则会立即发出警告，强调出现错误。

设计规则共有 10 类，包括电器、布线、制造、放置、信号完整性等的约束。

现在来设置必要的新的设计规则，按照项目分析中的要求，地线、电源线宽度设置为1.5mm，其他数据线设置为 1mm。

具体步骤如下所示。

（1）激活 PCB 文件，执行菜单命令 Design→Rules。弹出 PCB Rules and Constraints Editor 对话框。每一类规则都显示在对话框设计规则面板左边的 Design Rules 文件夹下，如图 8-18 所示。

（2）单击选择每条规则。单击每条规则时，右边对话框的上方将显示规则的范围（这个规则的目标）。

双击 Routing 展开相关的布线规则，然后双击 Width 显示宽度规则，如图 8-19 所示，下方将显示规则的限制。这些规则都是默认值，或是在新的 PCB 文件创建时在 PCB Board Wizard（PCB 向导）中设置的信息。

（3）单击 Width 规则，显示它的范围和约束，如图 8-19 所示，本规则适用于整个印制电路板。

现在要为电源线和地线网络添加新的宽度约束规则。地线、电源线宽度设置为 1.5mm，其他数据线设置为1mm。具体步骤如下所示。

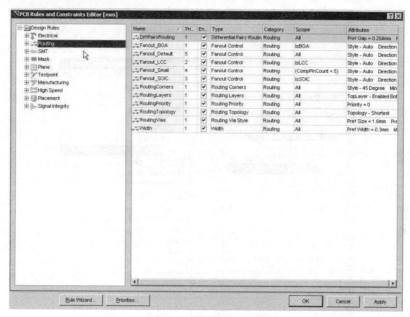

图 8-18　设计规则对话框

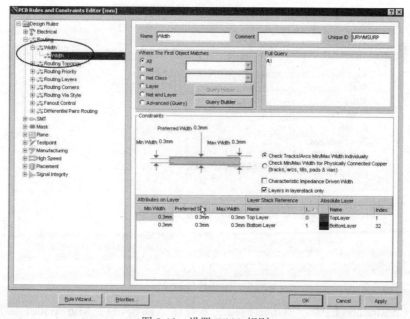

图 8-19　设置 Width 规则

（1）右击 DesignRules 规则面板的 Width，在弹出的快捷菜单中选择 NewRule，出现一个新的名为 Width_1 的规则；然后再右击 Width，在弹出的快捷菜单中选择 New Rule，出现一个新的名为 Width_2 的规则，如图 8-20 所示。

（2）在 Design Rules 面板单击新的名为 Width_1 的规则，修改其范围和约束，如图 8-21 所示。

① 在 Name（名称）文本框中输入 VCC，名称会在 Design Rules 栏里自动更新。

② 在 Where The First Object Matches 栏选择 Net 单选按钮，在下拉列表中，选择

VCC，如图 8-21 所示。

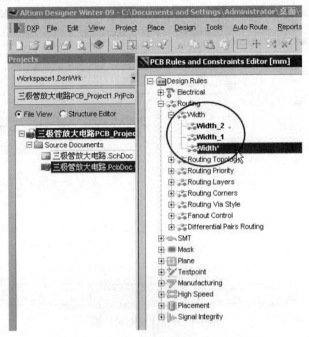

图 8-20　添加 Width_1、Width_2 线宽规则

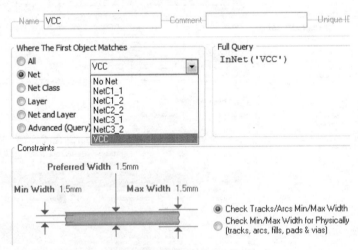

图 8-21　选择+12V 网络

③ 在 Constraints 栏中，单击旧约束文本并输入新值，将 Min Width（最小线宽）、Preferred Width（首选线宽）和 Max Width（最大线宽）均改为 1.5mm。注意必须在修改 MinWidth 值之前先设置 Max Width 的值，如图 8-22 所示。

（3）用以上的方法在 Design Rules 面板单击名为 Width_2 规则，修改其范围和约束。

① 在 Name（名称）文本框中输入 GND，名称会在 Design Rules 栏里自动更新。

② 在 Where The First Object Matches 栏选择 Net 单选按钮，在下拉列表中，选择 GND。

③ 在 Constraints 栏，单击旧约束文本并输入新值，将 Min Width（最小线宽）、Preferred Width（首选线宽）和 Max Width（最大线宽）均改为 1.5mm。注意必须在修改 MinWidth 值之前先设置 Max Width 的值。

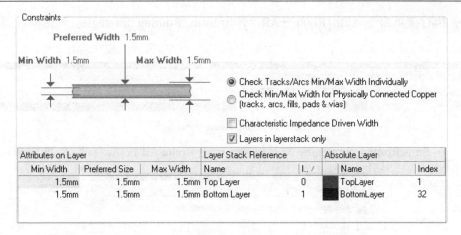

图 8-22　修改线的宽度

（4）最后，单击最初的范围宽度规则名 Width，将 Min Width、Preferred Width 和 Max Width 均设为 1mm。

任务 8：放置元件

（1）按住任意元件拖拽到印制电路板的设定位置，注意元件的飞线将随着元件的拖动而移动。

（2）拖动元件时，如有必要，可按 Space 键来旋转元件，让该元件与其他元件之间的飞线距离最短，如图 8-23 所示。

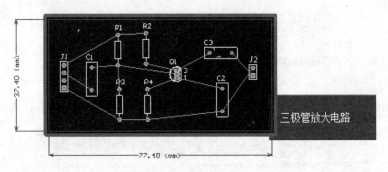

图 8-23　放置元件

（3）元件文字可以用同样的方式来重新定位，按住左键不放来拖动元件，拖动时可按 Space 键旋转元件。

（4）把印制电路板边框以外的三极管放大电路 Room 块删除，选中要删除的块，按 Delete 键即可。

任务 9：自动布线

布线是在印制电路板上通过走线和过孔连接元件的过程。Altium Designer 通过提供先进的交互式布线工具及 Situs 拓扑自动布线器来简化这项工作，只需轻按一个按钮就能对整个印制电路板或其中的部分进行最优化布线。

自动布线需要完成以下的几个步骤。

（1）执行菜单命令 Auto Route→All，弹出 Situs Routing Strategies 对话框，如图 8-24 所示。

图 8-24　Auto Route→All 命令

（2）在 Situs Routing Strategies 对话框中，单击 Route All 按钮，如图 8-25 所示。

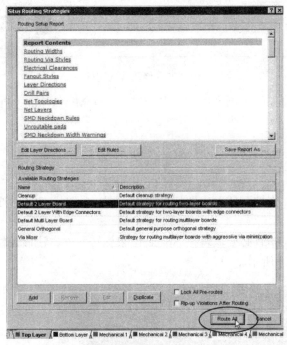

图 8-25　Route All 命令

（3）弹出 Messages 对话框，Messages 对话框会显示自动布线的过程，如图 8-26 所示。

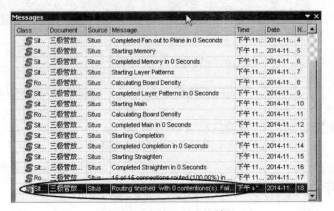

图 8-26　Messages 对话框

（4）拖拽 Messages 对话框，注意观察最后一行的信息，如图 8-27 所示，最后一行显示 Routing finished with 0 contentions(s).Failed to complete 0 connection(s) in 0 Seconds 代表布线成功，没有未完成的连线。

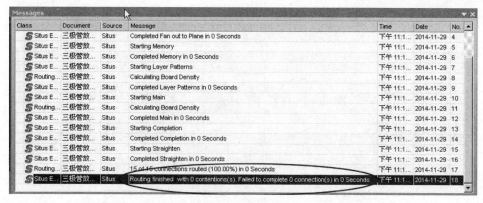

图 8-27　布线完成

（5）最后的自动布线结果，如图 8-28 所示。

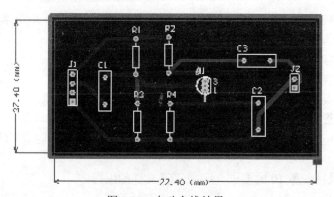

图 8-28　自动布线结果

（6）执行菜单命令 File→Save，存储印制电路板。

任务 10：编辑工艺文件

（1）双面板说明。印制电路板的尺寸为 80mm×40mm。

（2）板厚 1.6mm。印制电路板的厚度决定印制电路板的机械强度，同时影响成品板的安装高度，所以加工时需注明板厚。通用板厚是 1.6mm，如果未注明，厂家一般会按 1.6mm 处理，考虑到本项目的电路中无较大、较重元件，故选择通用板厚就可以了。

（3）板材型号为 FR-4。板材型号代表板材的种类和性能，应该加以标注。FR-4 型是常见的单、双面板材，由玻璃纤维布浸以阻燃型树脂，经热压而成的覆铜层压板。

（4）焊盘外径、内径。各焊盘外径、内径在 PCB 图中已经标注。

（5）字符颜色。白色为通用色。

（6）阻焊颜色。绿色为通用色。

（7）制板数量。统一安排。

（8）工期。根据生产厂家速度和制板数量决定，可变。

任务 11：项目练习

按照如图 8-29 所示画一个电路，要求如下。

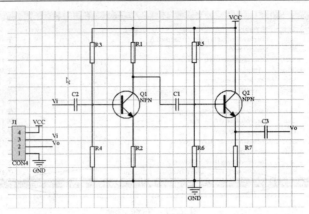

图 8-29　练习题

（1）要求图纸尺寸为 A4。

（2）画完电路后，要按照图中元件参数逐个设置元件的属性，并编译项目，检查是否存在错误。

（3）形成该电路的网络表。

（4）根据工艺要求设计 PCB，PCB 工艺要求如下所示。

① 印制电路板尺寸，2in×3in。

② 保证单面板设计。

③ 地线 GND 宽度为 1.5mm，电源 VCC 宽度设置为 1mm，其他数据线设置为 0.5mm。

④ 自动布线。

（5）按照本项目任务 10 的要求，完成工艺文件的编写。

任务 12：项目评价

项目评价见表 8-3。

表 8-3　项目评价

学习收获	任务 1：	
	任务 2：	
	任务 3：	
	任务 4：	
	任务 5：	
	任务 6：	
	任务 7：	
	任务 8：	
	任务 9：	
	任务 10：	
	任务 11：	
综合提升		
建议要求		
教师点评		

項目 9

三态逻辑笔电路原理图与 PCB 设计

本项目目的： 通过本项目的学习，掌握 Altium Designer 单面 PCB 设计的基本步骤。本项目采用三态逻辑笔电路作为演示电路，详细讲解单面 PCB 的设计过程。

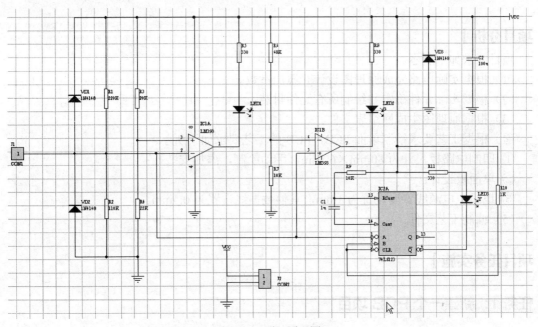

图 9-1 项目原理图

本项目重点： 熟悉 Altium Designer 的操作，单面 PCB 设计的基本步骤。项目原理图如图 9-1 所示，项目描述见表 9-1。

表 9-1 项目描述

项目名称：三态逻辑笔电路	课时	
学习目标		
技能目标	专业知识目标	
能够熟练操作 Altium Designer 软件； 熟悉原理图的绘制过程； 熟悉元件的放置、调试和编辑； 能够改正原理图绘制过程中的常见错误； 熟练生成网络表并导入 PCB 设计环境； 掌握 PCB 设计方法和技巧	熟悉印制电路板的制作流程； 掌握元件、封装的概念； 了解元件布局、布线对 PCB 设计的重要性	

学习主要内容	教学方法与手段
1. 项目资料信息收集； 2. 确认操作流程； 3. 整理项目材料及设备使用计划； 4. 熟悉整个操作过程； 5. 项目实施； 6. 设计检测； 7. 工艺文件的编写	项目+任务驱动教学； 分组工作和讨论 ； 实践操作； 现场示范； 生产企业顶岗实习

教学材料	使用场地及	工具	学生知识与能力准备	教师知识与能力要求	考核与评价
电子书籍、项目计划任务书、项目工作流程、厂家设备说明书	实训室、企业生产车间	计算机、快速制板系统、手动转头、高精度数控	操作安全知识、电子专业基础知识、基本电路识图能力、熟悉 Altium Designer 的操作	具有企业工作经历、熟悉整个项目流程、3 年以上教学经验	项目开题报告； 项目策划； 流程制定； 产品质量； 总结报告； 顶岗实习表现

【项目分析】

项目要求如下所示。

（1）根据实际电路完成原理图设计并添加参数。

（2）根据实际元件确定并绘制所有元件封装。

（3）根据原理图生成网络表文件。

（4）根据工艺要求绘制单面 PCB，PCB 的工艺要求如下所示。

① 印制电路板尺寸为 80mm×60mm，手动绘制，添加安装孔；

② 单面板设计；

③ 地线、电源线宽度设置为 1mm，其他数据线设置为 0.5mm。

（5）编制工艺文件。

【项目任务实施】

任务 1：新建一个 PCB 项目

新建一个 PCB 项目是进行 PCB 设计的开始，以后本项目的所有操作都在项目文件中实现，包括原理图设计，PCB 设计等。

执行【开始】→【所有程序】→Altium Designer 09→Altium Designer 09 命令，打开 Altium Designer 软件，如图 9-2 所示。

执行菜单命令 File→New→Project→PCB Project，新建一个 PCB 项目，再执行菜单命令 File→Save Project，把项目保存至指定文件夹，如 E:\项目五\三态逻辑笔.PrjPCB。

添加项目的第一个文件——原理图，执行菜单命令 File→New→Schematic，添加一个项目原理图。执行菜单命令 File→Save，保存原理图文件，命名为"三态逻辑笔.SchDoc"，如图 9-3 所示。

将光标移至左边项目面板中的项目名之上，右击，在弹出的快捷菜单中选择 Save Project，如图 9-4 所示，保存本项目。

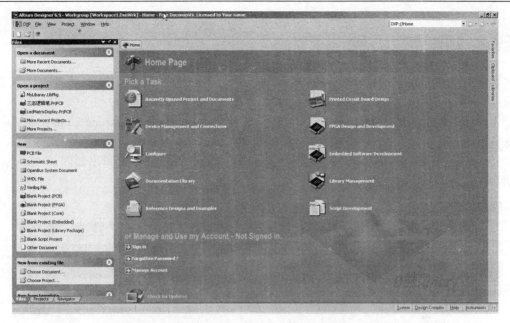

图 9-2　Altium Designer 的主界面

图 9-3　原理图编辑界面

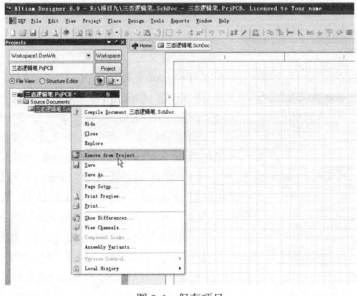

图 9-4　保存项目

任务 2：加载集成元件库

本项目原理图如图 9-1 所示，该电路可以检测数字电路中的三种状态，并通过发光二极管显示。

本项目中使用的元件，大部分在 Miscellaneous Devices、Miscellaneous Connectors 这 2 个集成元件库中，这 2 个库都是系统自带的集成元件库，单击编辑界面右侧的 Libraries 选项，或执行菜单命令 View→WorkSpace Panels→System→Libraries，弹出如图 9-5 所示的【元件库】面板。

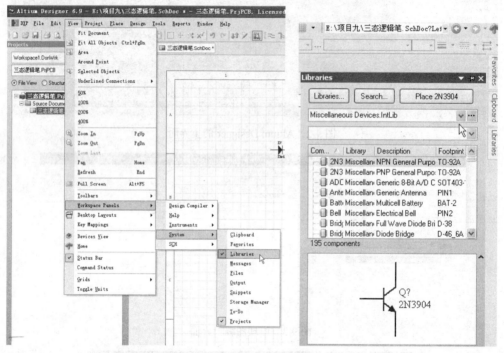

图 9-5 【元件库】面板

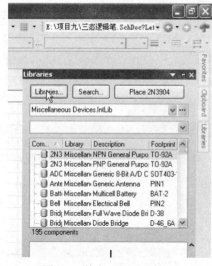

图 9-6 单击 Libraries 按钮

一个稍复杂的 PCB 项目，需要的元件通常存在多个集成元件库中。系统自带了多个集成元件库，保存在 X:\Program Files\Altium Designer 9\Library 目录下，X 指的是 Altium Designer 的安装分区，其中 Miscellaneous Devices 元件库是最常用的。

如果元件库面板中缺少 2 个库中的任何 1 个，可先加载，下面演示集成元件库的加载步骤。

（1）单击元件库面板 Libraries 按钮，如图 9-6 所示，打开 Available Libraries 对话框，如图 9-7 所示。

（2）单击 Available Libraries 对话框中的 Installed 标签，单击页面中的 Install 按钮，如图 9-8 所示。弹出【打开】对话框，如图 9-9 所示，找到所需的 Miscellaneous Devices 和 Miscellaneous Connectors 这 2 个集成元件库，然后单击对话框中的【打开】按钮。

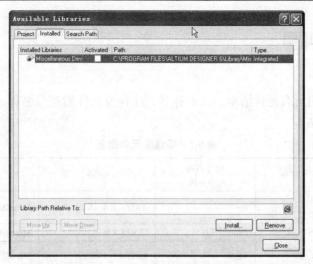

图 9-7　Available Libraries 对话框

图 9-8　单击 Install 按钮

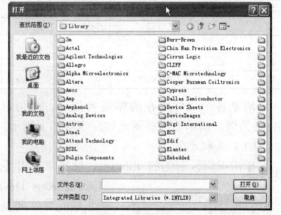

图 9-9　【打开】对话框

（3）回到 Available Libraries 对话框，可以发现刚才打开的 2 个集成元件库已经出现，如图 9-10 所示。

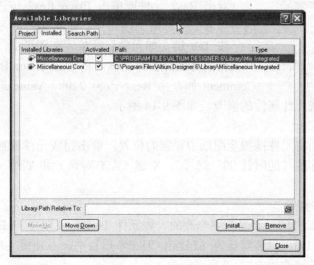

图 9-10　元件库加载完成

任务 3：绘制原理图

1）放置元件

原理图中使用的所有元件清单、元件标号、注释及元件的符号名称、封装名称和元件所在集成元件库见表 9-2。

表 9-2　原理图元件信息

元件编号	注释	符号名称 （库中名称）	封装	所在集成元件库
R1,R2,R3,R4R5,R6,R7,R8R9,R10,R11	图 9-1 阻值	Res2	AXIAL-0.4（默认）	Miscellaneous Devices
VD1,VD2,VD3	IN4148	Diode 1N4148	DO-35（默认）	Miscellaneous Devices
LED1,LED2 LED3	R,G,Y	LED0	RAD-0.1（修改）	Miscellaneous Devices
C1	1μ	Cap	RAD-0.1（修改）	Miscellaneous Devices
C2	100μ	Cap	RAD-0.1（修改）	Miscellaneous Devices
J2	CON2	Header 2	HDR1X2（默认）	Miscellaneous Connectors
J1	CON1	SIP1（自制）	自制
IC1	LM393		DIP-8	自制
IC2	74Ls123		DIP-16	自制

清楚各个元件所在的库及名称后，就可以将它们取出并放置在编辑图纸中，这里以 Res2 为例，演示如何放置元件，步骤如下所示。

（1）选取元件

单击编辑区右侧的 Libraries 标签，调出【元件库】面板，在元件库下拉列表中，选择 Miscellaneous Devices.IntLib 集成元件库，如图 9-11 所示。在该集成元件库列表中，拖动右侧的滑块，可以查看该元件库中的所有元件。这里选择 Res2，如图 9-12 所示。并且指定封装为 AXIAL-0.4。

（2）修改元件属性

双击 Res2 元件或单击 Place Res2 按钮，取出该元件，此时可以看到光标附上该元件，如图 9-13 所示。

按 Tab 键，如元件已经放置在图纸中，可双击该元件，打开元件的【属性】对话框，将 Designator 属性由 R?改为 R1，Comment 属性由 Res2 改为 220k，Value 选项取消默认选中，

图 9-11　选择集成元件库

单击 OK 按钮，完成元件属性的修改，如图 9-14 所示。

（3）放置元件

属性修改完后，将元件拖拽至图纸中任意的位置，单击完成元件放置，如果元件的方向不符，可以按 Space 键（逆时针 90°选择）、X 键（左右对调）和 Y 键（上下对调）完成元件方向的调整。

（4）修改元件封装

表 9-2 中有些元件的封装是需要修改的，如元件 LED1、LED2、LED3，这三个元件，在库中的名称为 LED0，封装默认为 LED-0，但在本项目中，不使用 LED-0 作为这三个元件的封装，将其封装修改为 RAD-0.1。

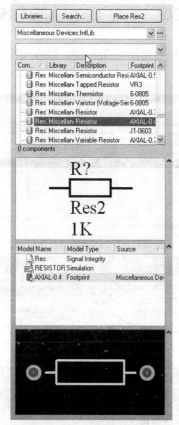

图 9-12 选择 Res2 元件

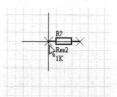

图 9-13 放置元件

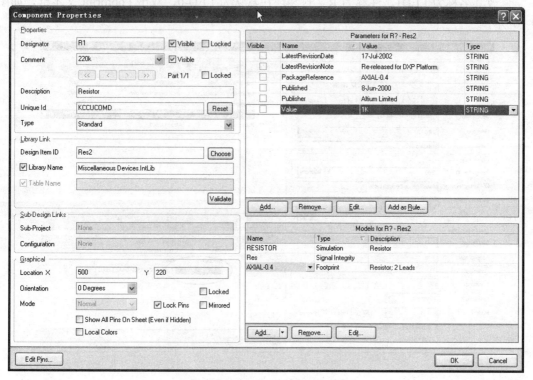

图 9-14 修改元件属性

RAD-0.1 封装是系统自带封装，不需要我们创建。举例：LED1 元件封装修改方法如下所示。

在库中找到名称为 LED0 的元件，双击可以开始放置，按 Tab 键，修改元件属性如图 9-15 所示。

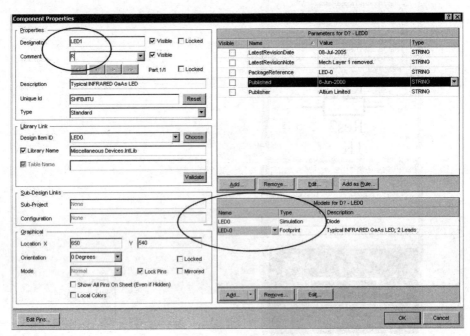

图 9-15　修改元件属性

修改其名称为 LED1，注释为 R。封装现在默认为 LED-0，双击 Footprint 文本框，如图 9-16 所示。

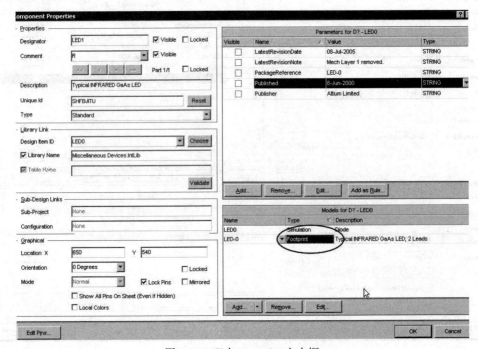

图 9-16　双击 Footprint 文本框

在弹出的 PCB Model 中修改其封装，将 PCB Library 下的选择改为 Any，Footprint Model 下的 Name 修改为表 9-2 中的信息，如图 9-17 所示。

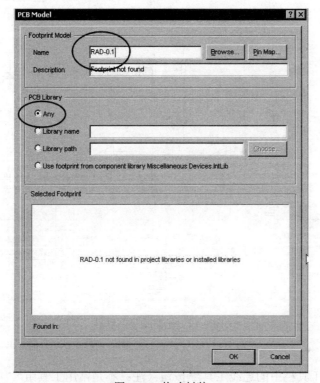

图 9-17　修改封装

最后连续单击 OK 按钮，完成 LED1 封装的修改。其他元件的修改方式同上，最后如图 9-18 所示。

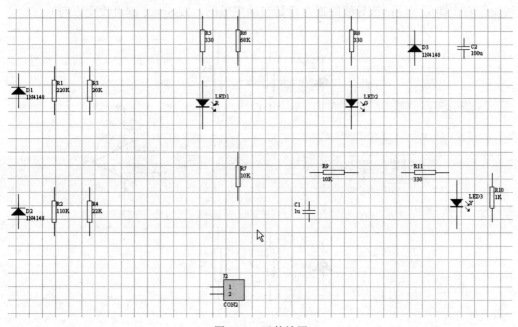

图 9-18　元件放置

原理图中的 3 个元件 J1、IC1 和 IC2，不在系统自带的集成元件库中，必须自制，请参考项目 10（元件库与封装库设计）完成元件的绘制，并添加自制的集成元件库（图 9-19）。

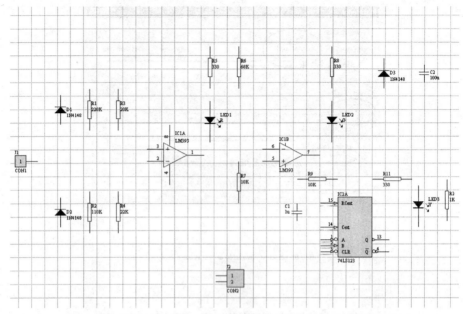

图 9-19　元件放置完整图

2）连接元件

单击【配线】工具栏中的连线工具 ▧ 按钮（注：不是常用工具组 ◥· 中的 ▱ 按钮），这时光标会变成十字状，表示进入连线状态。如图 9-20 所示，先把光标移动到二极管 D1 的一个引脚处，当光标中心的叉变为红色，即表示可以连接，此时单击引脚开始连线，然后将光标移动至 J1 的引脚处，当光标中心的叉变为红色时，再次单击结束该次连接，如果要结束连线操作右击即可（注：该导线的拐弯角是自动完成的，按 Space 键可改变方向）。

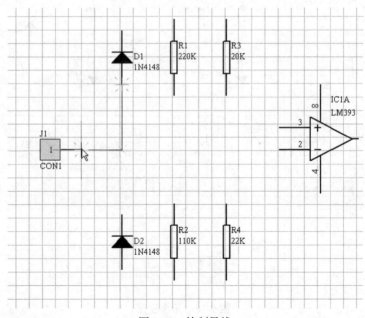

图 9-20　绘制导线

在实际原理图的绘制过程中，元件放置很难一次就合理，在后续的连接和放置电源端子等步骤中，需要经常地调整某些元件的位置，包括元件编号和注释，以达到理想的效果。所以，如图 9-21 所示的全部连线图，是经过多次调整后才确定下来的。

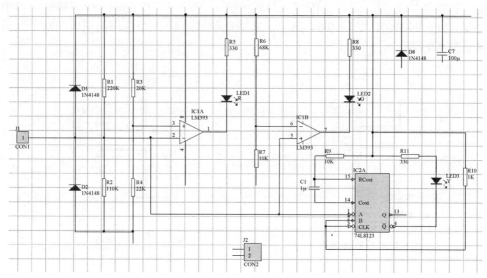

图 9-21　全部连线

3）放置电源端子

电源端子有很多种，从电气功能上来分，有正电源端子和接地端子；从形状上来分，有箭头形、波浪形和圆形等，它们都可以在常用工具栏电源端子属性（单击电源端子 ^{Vcc}，然后按 Tab 键）中的 Style 中找到，如图 9-22 所示，而最常见的两个电源端子 ^{Vcc} 和 ，可以在【配线】工具栏中直接取用。

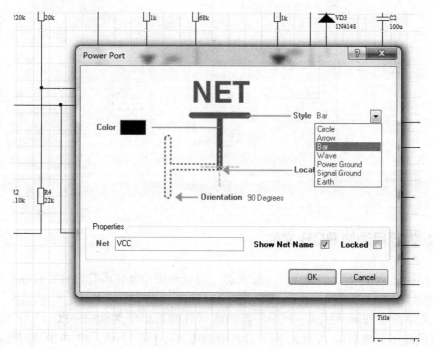

图 9-22　选择电源端子形状

首先放置接地端子。单击【配线】工具栏中的 按钮，光标会附上一个接地端子，然后拖动至 J2 的第二个引脚处，当光标中心的叉变为红色时单击，如图 9-23 所示。本原理图共需要 6 个这样的接地符号，其他 5 个的位置如图 9-26 所示。

接下来放置 VCC 端子。单击配线工具栏中的 ，拖动至 J2 的第一个引脚处，当中心的光标叉变为红色时单击，如图 9-24 所示，本原理图共需要 2 个这样的正电源端子，另一个的位置如图 9-25 所示。

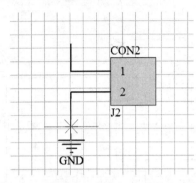

图 9-23　放置接地端子

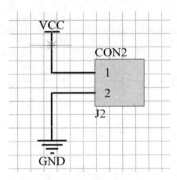

图 9-24　放置接地 VCC 端子

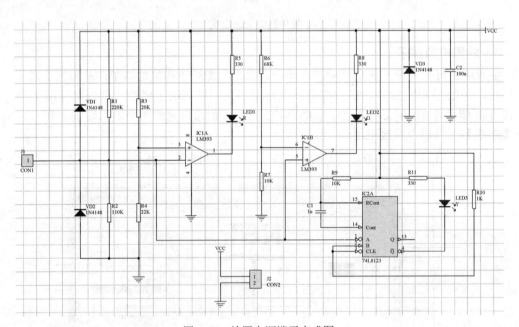

图 9-25　放置电源端子完成图

任务 4：为项目添加 PCB 文件

PCB 设计是 PCB 项目的重点。一般来讲，当原理图绘制完成且已将设计导入到 PCB 文件后，再经过相关的布局和布线等工作，就可以完成 PCB 设计工作了。

执行菜单命令 File→New→PCB，添加该项目的第二个文件——PCB，该文件是进行 PCB 设计的场所。然后单 PCB 标准工具栏中的【保存】按钮 ，将 PCB 保存到与项目相同的位置，最后的 PCB 编辑界面如图 9-26 所示。

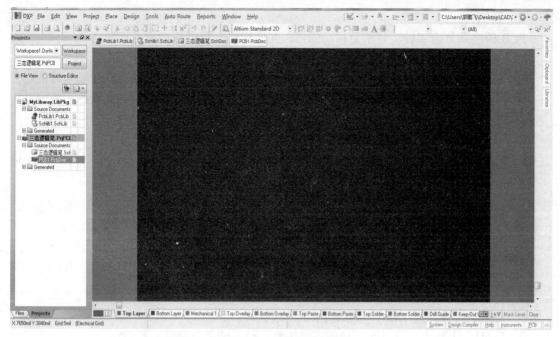

图 9-26 PCB 编辑界面

任务 5: 设置 PCB 设计环境

1) 设置单位

PCB 编辑器默认的单位系统是英制的,它的单位是 mil(密耳),1mil 换算成公制单位是 0.0254mm,而 1mm 等于 39.37mil。修改单位可以在英文输入法状态下(注意此软件在所有需要用快捷键的地方都需要在英文状态下),按 Q 键切换单位。或者执行菜单命令 Design→Board Options…,在弹出的 Board Options 对话框中,将单位 Unit 一栏选定为 Metric(公制),如图 9-27 所示。

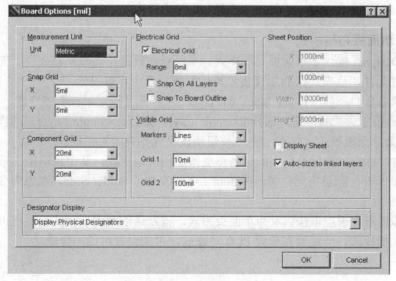

图 9-27 修改单位

2）栅格

PCB 栅格共分为 4 种，分别是移动栅格、元件栅格、电气栅格和可视栅格。

（1）Snap Grid（移动栅格）为在布线操作时，移动光标时每一步的距离。

① X：定义水平方向的移动距离，可以在下拉列表中选择一个，或者直接输入数值。

② Y：定义垂直方向的移动距离，可以在下拉列表中选择一个，或者直接输入数值。

Component Grid（元件栅格）为移动元件时每一步的距离。

（2）Electrical Grid（电气栅格）

在布线操作，或者光标上附有元件、焊盘、过孔等对象时，自动寻找电气节点的捕获半径。

① Electrical Grid:选中后开启自动吸附。

② Range：捕获半径，可以在下拉列表中选择一个，或者直接输入数值。

③ Snap On All Layers：捕获所有层。

④ Snap To Board Outline：捕获到板边框。

（3）Visible Grid（可视栅格）

可看见的网格线，分小网格和大网格。

① Markers：标记。Dots：点状；Lines：线状。

② Grid1：小网络，可以在下拉列表中选择一个，或者直接输入数值。

③ Grid2：大网络，可以在下拉列表中选择一个，或者直接输入数值。

（4）Sheet Posiition（图纸位置）

① X：图纸与左侧边界的距离。

② Y：图纸与底端边界的距离。

③ Weidth：图纸宽度。

④ Height：图纸高度。

⑤ Display Sheet：显示图纸。

⑥ Auto-size to linked layers：自动尺寸链接层。

（5）Designator Display（编号显示）

① Display Physical Designators:显示物理编号。

② Display Logical Designators：显示逻辑编号。

3）设置单面板布线模式

Altium Designer 提供了单面板布线模式。单面板布线是指布线层在底层，而顶层不放置导线，只放置元件，该模式在 PCB【板层堆栈】管理器中可以设置。

执行菜单命令 Design→Layer Stack Manager...，打开【板层堆栈】管理器，如图 9-28 所示。单击左下角的 [Menu] 按钮，选择 Example Layer Stacks→Single Layer，这样就可以将当前 PCB 定义为单面板模式，单击 [OK] 按钮确认设置并关闭对话框。

此时再看层标签，顶层及底层的层名称也做了相应地更改，其中顶层由 Top Layer 改为了 Component Side，意思为元件面，Bottom Layer 改为了 Solder Side，意思为导线（焊锡）面，如图 9-29 所示。

当然，即使不将板层堆栈定义为单面板模式，按默认的双面板模式也照样可以设计单面板。定义单面板模式，一定要在放置 PCB 对象前，否则设置可能不会成功。

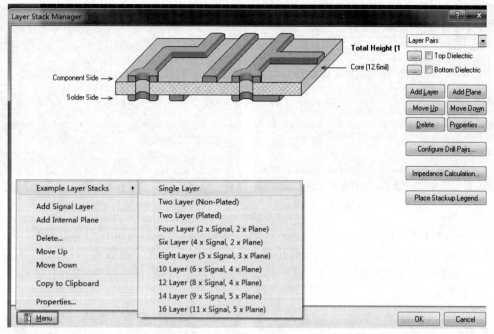

图 9-28　定义单面板模式

图 9-29　单面板模式下的层标签栏

任务 6：绘制 PCB 板框与安装孔

PCB 板框就是线路板的形状，可以是矩形、圆形或其他形状。

绘制 PCB 板框是在 Mechanical（机械层）下进行的。绘制前，先来了解一下两个与板框相关的名词。

边框线：即组成印制电路板轮廓的图形，可以是直线或曲线。

安装孔：即固定线路板的螺钉孔，通常为圆形，大多数的印制电路板都需要。

现在开始绘制 PCB 板框，步骤如下所示。

（1）单击层标签栏中的 Mechanical 1 标签，定义 Mechanical1（机械层）为板框绘制层，如图 9-30 所示。

图 9-30　选择机械层

（2）单击常用工具组 中的原点工具 ，在 PCB 编辑区中的合适位置单击，以定义原点，如图 9-31 所示。

（3）绘制板框。单击常用工具组 中的画线工具 （注意该线应为紫色，不是配线工具栏的 ），以原点为起始点绘制一个矩形，该矩形就是 PCB 的板框形状，如图 9-32 所示。

PCB 板框上方和右侧为标尺，用来标注尺寸大小，可在工具栏中 的 中标注。

（4）板框绘制完成后，还需要再绘制 2 个螺钉孔。单击常用工具组 中的画圆工具 ，在 PCB 板框内部的左下角和右下角各绘制一个圆，如图 9-33 所示。

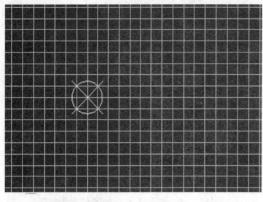

图 9-31　定义原点

图 9-32　绘制板框

（5）考虑到螺钉的尾部直径比头部大，所以在螺钉孔处最好再放置一个示意螺钉尾部直径的圆，以防止将来元件或导线与螺钉发生干扰。注意，这个圆需要在顶层丝印层 Top Overlay 下绘制。同放置螺钉孔的方法一样，单击画圆工具 ○，绘制出与螺钉孔同心的圆，如图 9-34 所示。

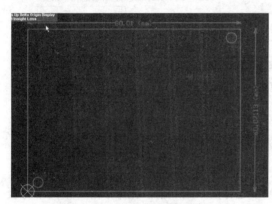

图 9-33　绘制螺钉孔

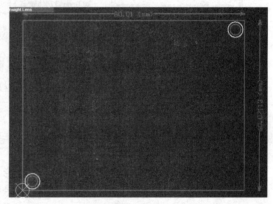

图 9-34　绘制同心圆

（6）重新定义板形状。首先选中全部边框线，方法是按住 Shift 键不松开，再分别单击全部四条边框线，如图 9-35 所示。然后执行菜单命令 Design→Board Shape→Define from selected object，就可以完成定义板形状操作，如图 9-36 所示。如果屏幕上的图形没有变化，可按 Eed 键刷新屏幕。

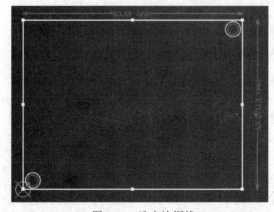

图 9-35　选中边框线

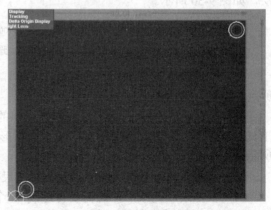

图 9-36　最后完成图

任务 7：导入元件与网络

导入元件和网络到 PCB 文件之前，先来简单了解一下网络表。网络表描述了元件的名称、类型和封装信息，以及说明了哪些元件在同一网络里。

切换到原理图编辑界面，执行菜单命令 Design→Netlist For Document→Protel，输出当前原理图的 Protel 格式的网络报表，新生成的网络表会在项目面板中显示，如图 9-37 所示。双击网络表文件"三态逻辑笔.NET"，打开该文件，网络报表的部分信息如图 9-38 所示。

图 9-37　网络表

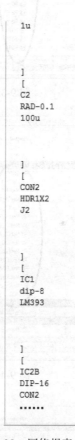

图 9-38　网络报表（部分）

上述是对网络表的简单介绍，现在进行将原理图设计导入（更新）到 PCB 文件的操作。还是在原理图编辑界面下，执行菜单命令 Design → Update PCB Document PCB1.PcbDoc，弹出 Engineering Change Order 窗口，如图 9-39 和图 9-40 所示，在这里可以看到所有元件和网络。单击 Validate Changes 按钮，使更新生效，更新后的 Engineering Change Order 窗口如图 9-41 所示，其中窗口中列表的 Check 列，是指更新的检查结果，表示检查通过，而 表示该行元件或网络有错误存在，错误的原因参考 Message 列的提示信息。

为了查看方便，可以将 Engineering Change Order 窗口下方的 Only Show Errors 复选框选中，这样只会把存在错误的结果显示出来，而正确的结果则被隐藏。

如果 Check 列显示 标记，一定要仔细检查问题的所在，要分清楚是真有问题还是因为做了必要的更改而引起的。

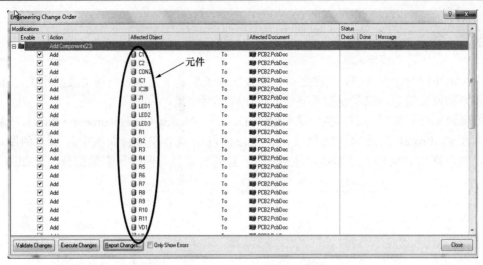

图 9-39　Engineering Change Order 窗口（一）

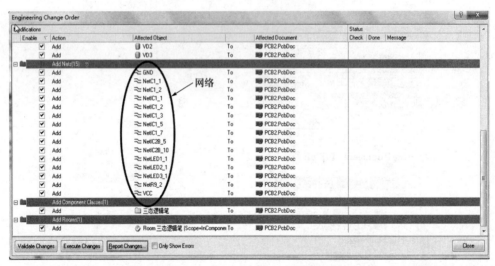

图 9-40　Engineering Change Order 窗口（二）

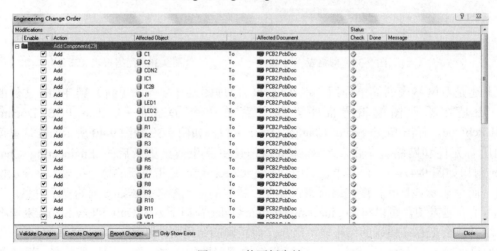

图 9-41　使更新生效

最后单击 Execute Changes 按钮执行更新，如图 9-42 所示，也就是将元件和网络导入（更新）到 PCB 文件中，更新没有问题时，Done 列同样以 表示。执行更新后系统会自动切换到 PCB 编辑环境，单击 Close 按钮关闭该对话框。

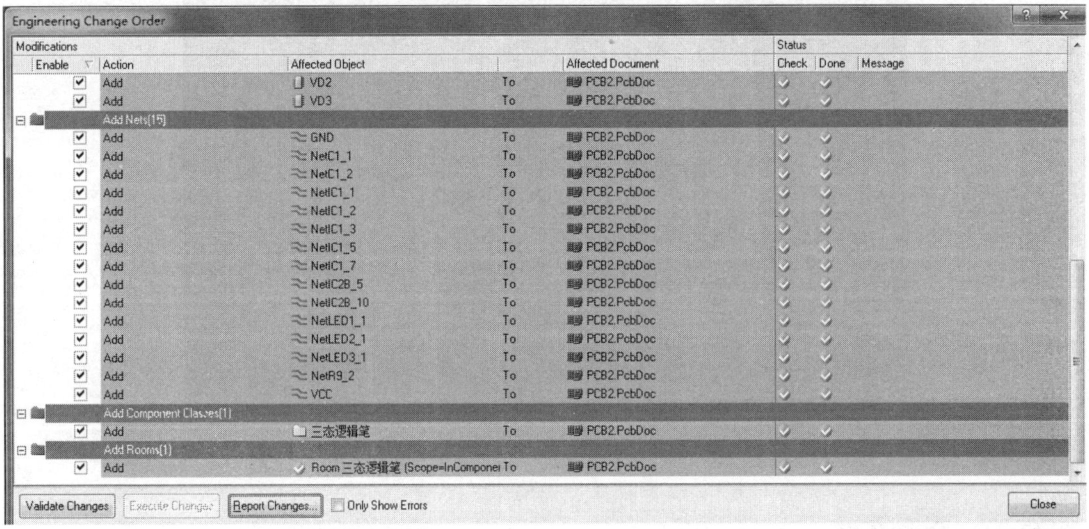

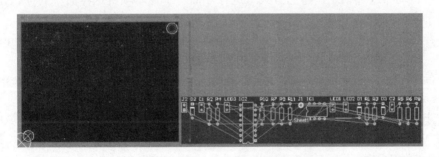

图 9-42　执行更新

在 PCB 编辑界面下，单击 PCB 标准工具栏的 按钮使全部 PCB 对象在编辑区显示出来，如图 9-43 所示，可以发现原理图中的对象都已导入进来，连接在各元件之间的细线条称为半拉线，表示相连的两个元件焊盘是属于同一网络的。在所有元件的底下，显示一个呈棕色的矩形物体 Room，拖动它可移动全部元件，也可以将其删除。

图 9-43　导入完成后的 PCB

任务 8：元件布局

元件布局就是将元件布置在 PCB 的合适位置。合理的布局对 PCB 的布线和产品的性能都是有很大好处的。元件布局有两种形式，一种是自动布局，另一种是手工布局，这里将采用手工布局的方式。

布局的操作很简单，单击想要放入的元件，将其拖动至想要放在 PCB 板框内的位置即可，如果想要调整元件的方向，可按 Space 键来调整，如图 9-44 所示是布局完成图。

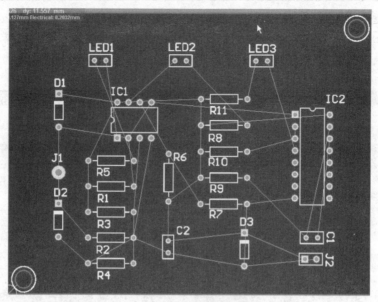

图 9-44　布局完成图

任务 9：手动布线

　　整个 PCB 设计过程中，除布局操作外，布线是工作量最大的，布线的质量与布局是否合理有着密切的关系。如果单单考虑将线布通，其他一概不管，是十分简单的。将线布通是前提条件，但后续的处理工作更费时费心。

　　同布局一样，布线也有手工和自动之分。对于复杂的双面板 PCB，特别是对于数字电路，可以用自动布线加手工调整的方式来进行。而对于像本项目这样简单的 PCB，可以采用全手动布线。

　　注：若想采用 Altium Designer 的自动布线方法可执行菜单命令 Auto Route→All…即可。

　　开始布线之前，先来定义布线时导线的宽度。执行菜单命令 Design→Rules…，打开 PCB Rules and Constraints Editor 对话框。

　　① 选择 Routing 布线规则类中的布线线宽 Width 主规则，将 Constraints 区域中的最小宽度 Min Width 改为 0.5mm（默认值），首选宽度 Preferred Width 改为 0.5mm，最大宽度 Max Width 改为 0.5mm。

　　② 依次修改 VCC 与 GND 网络，线宽为 1mm，参照项目 3 的操作。

　　如图 9-45 所示，设置完成后，单击 OK 按钮确认更改并关闭对话框。

　　由于 PCB 中有部分元件靠得过近，导致出现 DRC 警告，即呈现绿色高亮显示，根据经验该情况可不必理会。按 L 键，打开 View Configurations 对话框，如图 9-46 所示，取消选中 DRC Error Markers，关闭 DRC 检查错误标记，待全部设计完成后，再恢复 DRC 检查错误标记，查看是否有其他设计错误存在。

　　现在开始进行布线操作，布线的基本原则是连线能短就不长，能粗就不细，如果同一块 PCB 里既有数字电路又有模拟电路，就要避免交叉走线，以免互相干扰。

　　在 PCB 编辑界面，选择 Bottom Layer 层，单击【配线】工具栏中的布线工具 ，然后在 R11 的 1 脚焊盘（焊盘网络为 VCC，一般电源和地的线都要比普通线宽）处单击，如果此时按 Tab 键，可以出现 Interactive Routing 对话框，如图 9-47 所示，在该对话框中可以将用户首选宽度即手工布线的线宽定义为 1mm。

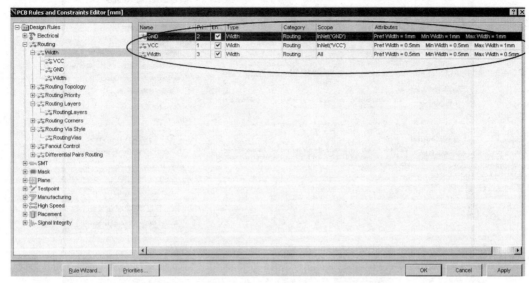

图 9-45　PCB 规则和约束编辑器—设置布线线宽

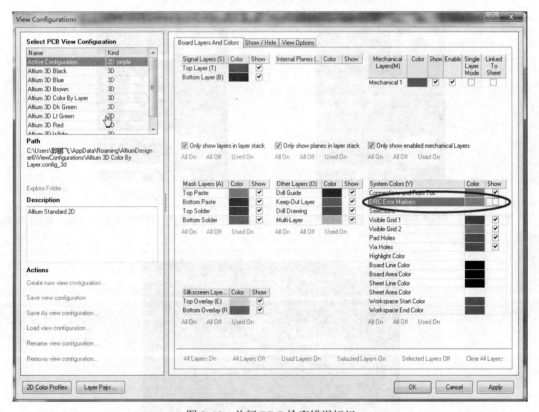

图 9-46　关闭 DRC 检查错误标记

　　设置完成后关闭对话框，回到布线状态，将该线拉至 R8 的 2 脚焊盘处双击确认连线（这时连在两个焊盘之间的半拉线会消失），第一条导线就绘制完成了，如图 9-48 和图 9-49 所示。

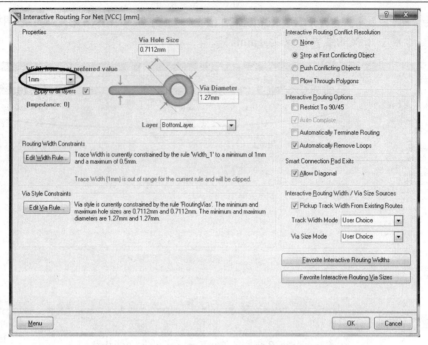

图 9-47　交互式布线对话框，设置首选布线宽度

图 9-48　布线中

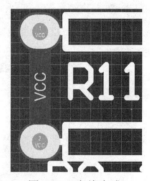

图 9-49　布线完成

接下去可以继续布线，或者右击结束，按 Space 键可以更改布线转角的方向。如图 9-50 所示是布线完成图。

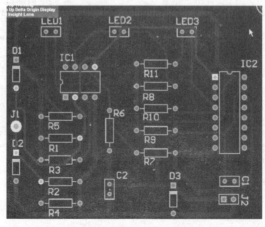

图 9-50　布线完成图

任务 10：焊盘补泪滴

为了增加焊盘与铜箔之间的连接强度，也就是减少 PCB 在还接组装时容易发生的断裂情况，有时需要在两者之间放置泪滴焊盘，它因形状像泪滴而得名。

执行菜单命令 Tool→Teardrops…，打开 Teardrops Options 对话框，如图 9-51 所示，按默认设置不做更改，单击  按钮关闭该对话框。可以发现，经过补泪滴处理后的焊盘与铜箔处有一个从小到大的过渡，如图 9-52 所示。

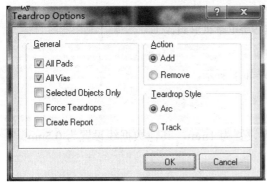

图 9-51　Teardrops Options 对话框

图 9-52　补泪滴

任务 11：项目练习

练习原理图如图 9-53 所示，PCB 设计如图 9-54 所示，利用在本项目中所学的知识技能完成设计。

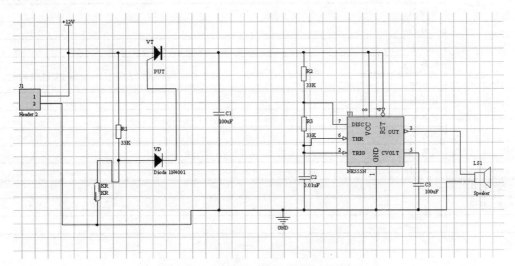

图 9-53　简易磁控报警报警电路原理图

具体要求如下所示。

（1）要求原理图图纸尺寸为 A4。

（2）画完电路后，要按照图中元件参数逐个设置元件属性，并编译项目，检查是否存在错误。

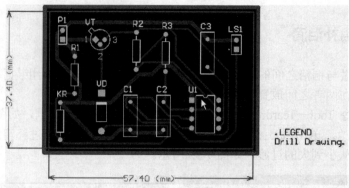

图 9-54　简易磁控报警报警电路 PCB 设计

（3）形成该电路的网络表。

（4）根据工艺要求设计 PCB，PCB 工艺要求如下所示。

① 印制电路板尺寸，如图 9-54 所示；

② 保证单面板设计；

③ 地线 GND 宽度为 1mm，电源 VCC 宽度设置为 1mm，其他数据线设置为 0.5mm。

④ 手动布线。

（5）完成工艺文件的编写。

任务 12：项目评价

项目评价见表 9-3。

表 9-3　项目评价

学习收获	任务 1:	
	任务 2:	
	任务 3:	
	任务 4:	
	任务 5:	
	任务 6:	
	任务 7:	
	任务 8:	
	任务 9:	
	任务 10:	
	任务 11:	
综合提升		
建议要求		
教师点评		

元件库与封装库设计

本项目目的： 掌握与集成元件库相关的基本操作，掌握实际元件的绘制。

本项目重点： 实际元件的绘制。项目描述见表 10-1。

表 10-1　项目描述

项目名称：元件库与封装库设计			课时		
学习目标					
技能目标			专业知识目标		
掌握个人集成元件库的建立与操作方法； 掌握复制、绘制、编辑元件的方法； 掌握编译集成元件库的方法			掌握集成元件库的概念； 了解个人元件库的重要性		
学习主要内容			教学方法与手段		
1. 项目资料信息收集； 2. 确认操作流程； 3. 整理项目材料及设备使用计划； 4. 熟悉整个操作过程； 5. 项目实施； 6. 设计检测			项目+任务驱动教学； 分组工作和讨论； 实践操作； 现场示范		
教学材料	使用场地及	工具	学生知识与能力准备	教师知识与能力要求	考核与评价
电子书籍、项目计划任务书、项目工作流程	实训室、企业生产车间	计算机、快速制板系统、手动转头、高精度数控	操作安全知识、电子专业基础知识、基本电路识图能力、熟悉 Altium Designer 的操作	具有企业工作经历、熟悉整个项目流程、3 年以上教学经验	项目开题报告； 项目策划； 流程制定； 产品质量； 总结报告； 顶岗实习表现

【项目分析】

项目要求如下所示。

（1）创建元件库；

（2）绘制原理图元件；

（3）绘制 PCB 元件；

（4）连接原理图元件与 PCB 元件；

（5）编译集成元件库。

【项目任务实施】

任务 1: 创建元件的一般步骤

创建一个可以为 PCB 设计使用的元件，首先需要创建一个集成元件库项目，并为该项目分别添加一个或多个原理图元件库和 PCB 元件库，然后为原理图元件库添加元件并绘制图形符号，为 PCB 元件库添加元件并绘制封装图形。接着为元件设置属性，并连接元件符号和元件封装。

当上述步骤完成后，就可以编译元件了。编译完成后，会自动生成一个集成元件库。最后，将集成元件库加载到元件库面板，就可以将集成元件取出并在 PCB 设计中使用了。

任务 2: 创建元件库

执行【开始】→【所有程序】→Altium Designer 09→Altium Designer 09 命令，打开 Altium Designer 软件。

1) 创建集成元件库项目

执行菜单命令 File→New→Project→Integrated Library，创建一个新的集成元件库，再执行菜单命令 File→Save Project，把项目保存在指定文件夹，如 E:\项目六\MyLibrary.LibPkg，如图 10-1 所示。

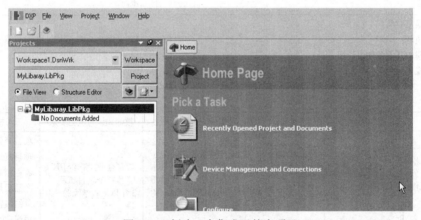

图 10-1　创建一个集成元件库项目

2) 添加原理图元件库

集成元件库项目创建完成后，再为其添加一个原理图元件库，这是绘制元件符号的平台。

执行菜单命令 File→New→Library→Schematic Library，为集成元件库项目添加原理图元件库，编辑界面如图 10-2 所示。

执行菜单命令 File→Save，将原理图元件库保存在相同位置，并命名为 Schlib1.SchLib，如图 10-3 所示。

3) 添加 PCB 元件库

执行菜单命令 File→New→Library→PCB Library，为集成元件库项目添加 PCB 元件库，编辑界面如图 10-4 所示。

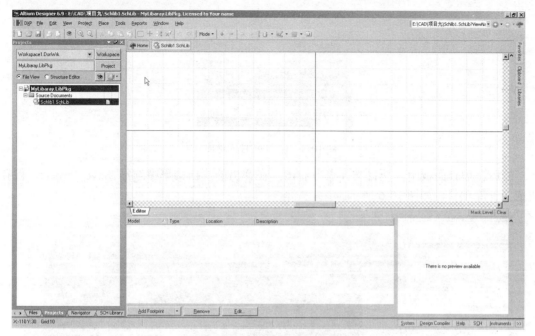

图 10-2 添加原理图元件库

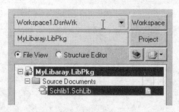

图 10-3 保存原理图元件库

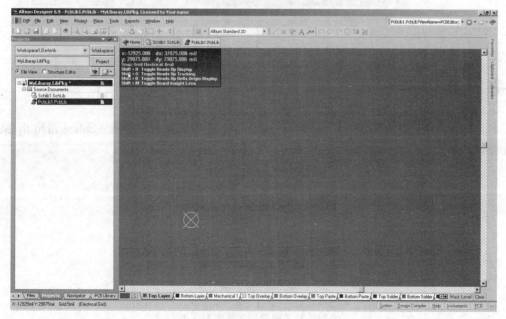

图 10-4 添加 PCB 元件库

执行菜单命令 File→Save，将 PCB 元件库保存在相同位置，并命名为 PcbLib1.PcbLib，如图 10-5 所示。

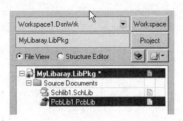

图 10-5　保存 PCB 元件库

最后在项目面板中，项目文件上方右击，在弹出的快捷菜单中选择 Save Project，保存集成元件库项目，如图 10-6 所示。

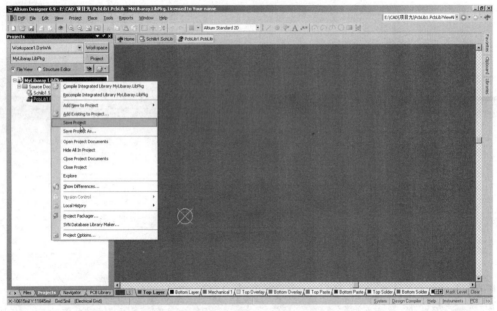

图 10-6　保存集成元件库项目

任务 3：绘制元件 CON1

下面为原理图元件库添加一个原理图元件，双击【项目】面板中的 Schlib1.SchLib 原理图元件库，如图 10-7 所示，将当前面板切换至【原理图元件库】面板。

图 10-7　【原理图元件库】面板

下面为"三态逻辑笔"项目自制原理图元件，元件清单见表 10-2，表中 J1、IC1、IC2 三个元件必须自制。

表 10-2　三态逻辑笔项目元件清单

元件编号	注释	符号名称	封装	所在集成元件库
R1,R2,R3,R4,R5,R6 R7,R8,R9,R10,R11	图 9-1 中阻值	Res2	AXIAL0.4	Miscellaneous Devices
VD1,VD2,VD3	IN4148	Diode	DO-35	Miscellaneous Devices
LED1,LED2,LED3	R,G,Y	LED0	LED-0	Miscellaneous Devices
C1	1u	Cap	RAD-0.3	Miscellaneous Devices
J2	CON2	Header 2	HDR1X2	Miscellaneous Connectors
J1	CON1			
IC1	LM393			自制
IC2				自制

为了方便操作，首先修改移动栅格值，在原理图元件库编辑界面，执行菜单命令 Tools→Document Options，弹出 Library Editor Workspace 对话框，将 Snap 栅格值修改为 2，如图 10-8 所示。

绘制元件 CON1，实际图形在"三态逻辑笔"项目中。

1）执行菜单命令 Tools→New Component，弹出 New Component Name 对话框，如图 10-9 所示，默认名为 Component_2，这里命名为 CON1。

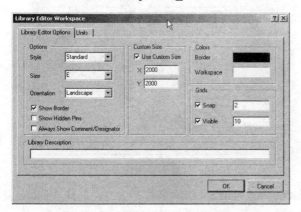

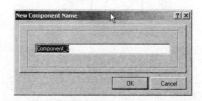

图 10-8　Library Editor Workspace 对话框　　　图 10-9　新建原理图元件对话框

单击编辑界面右侧的 SCHLibrary 标签，如果 SCHLibrary 标签不在界面右侧，那么应该在界面的左下角，可以通过拖拽，实现在右侧显示，如图 10-10 所示。

如图 10-10 所示，可以发现，在原理图元件库面板的元件列表中，出现了一个新元件，名为 CON1，下面为名称为 CON1 的元件绘制图形符号。

2）单击常用工具组 中的 按钮（Place Line），绘制如图 10-11 所示的图形，绘制完成后，双击直线，打开如图 10-12 所示的 PolyLine 属性对话框，在该对话框中可以修改线宽、颜色、风格等。

3）单击常用工具组 中的 按钮，放置元件引脚，如图 10-13 所示，双击引脚，参考图如图 10-14 所

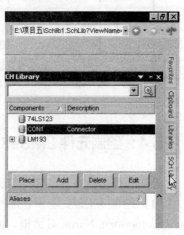

图 10-10　原理图元件库面板

示，在弹出的 PinProperties 对话框中修改属性。

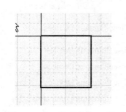

图 10-11　绘制图形符号

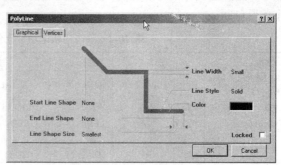

图 10-12　PolyLine 属性对话框

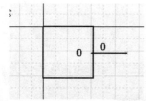

图 10-13　放置引脚

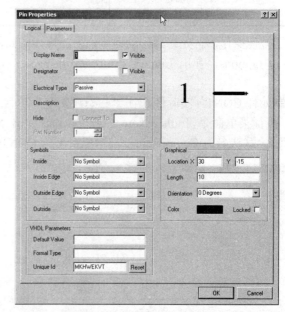

图 10-14　元件引脚属性对话框

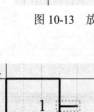

图 10-15　元件图

（1）定义 Display Name（引脚名称）为 1，选择 Visible 复选框，表示可见；

（2）Designator（引脚号）为 1，选择 Visible 复选框，表示不可见；

（3）Location X（30），Y（−15），表示引脚起始位置（30）（−15）；

（4）Length（10），引脚长度（10）。

4）如图 10-15 所示是绘制完成后的元件图。

任务 4：绘制元件 LM393

绘制元件 LM393，实际图形在"三态逻辑笔"项目中。

（1）绘制方法与上一个元件基本相同，执行菜单命令 Tools→New Component，弹出 New Component Name 对话框，将元件命名为 LM393，如图 10-16 所示。

（2）按上一节的方法绘制元件符号图形，如图 10-17 所示。

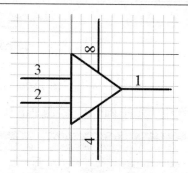

图 10-16　新建元件　　　　　　　　　图 10-17　元件符号图形

（3）修改 4、8 号引脚的 Electrical Type（电气类型）为 Power（电源），如图 10-18 所示，左图为 8 号引脚，右图为 4 号引脚。

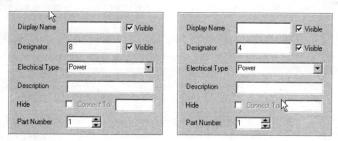

图 10-18　修改引脚属性

（4）很多元件中包含了若干个相同的子元件，比如 LM393，就是由 2 个相同的子元件构成的，绘制这种类型的元件时，需要分别为其绘制子元件。

选中 LM393 元件，执行菜单命令 Tools→New Part，如图 10-19 所示，就可以为当前元件添加一个子元件，添加后的元件目录如图 10-20 所示，可以发现系统自动为子元件命名为 Part A 与 Part B。

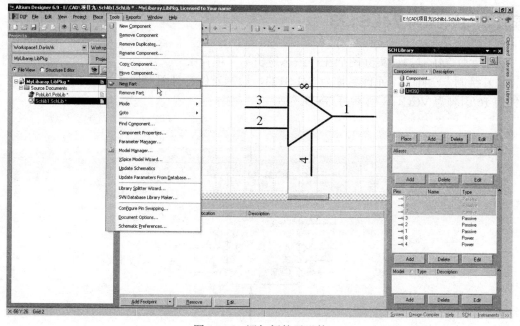

图 10-19　添加新的子元件

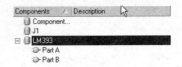

图 10-20　系统自动生成子元件名称

（5）选中子元件 Part B，绘制 Part B 子元件符号图形如图 10-21 所示。

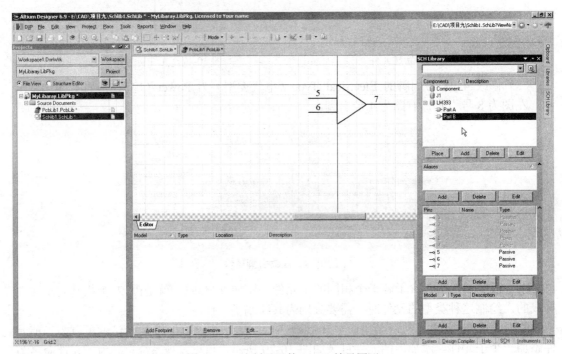

图 10-21　绘制子元件 Part B 符号图形

任务 5：绘制元件 74LS123

绘制元件 74LS123，实际图形在"三态逻辑笔"项目中。

（1）绘制方法同上，元件名称为 74LS123，绘制元件符号图形如图 10-22 所示，注意该元件的 16 引脚为 VCC，8 引脚为 GND。

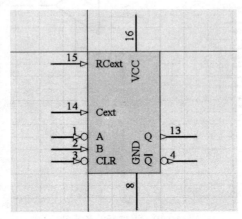

图 10-22　元件 74LS123

其中 15、14、1、2、3、4、13 引脚，都要对应的引脚符号，如图 10-23 所示。

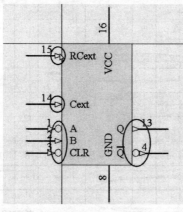

图 10-23　引脚符号

（2）引脚符号的绘制方法如下所示。

① 如 15 引脚，有个向内的三角形符号。双击 15 引脚，弹出如图 10-24 所示的【引脚属性】对话框，将 Electrical Type 改为 Input，代表该引脚为输入引脚，用一个向内的三角形符号表示。

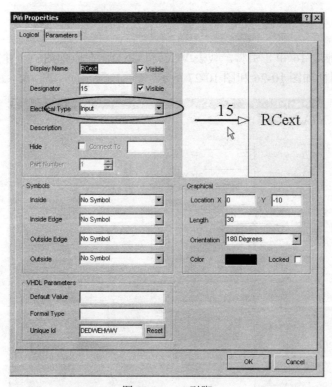

图 10-24　15 引脚

② 如 4 引脚，有个向外的三角形符号和一个圆圈。双击 4 引脚，弹出如图 10-25 所示的【引脚属性】对话框，将 Electrical Type 改为 Output，代表该引脚为输出引脚，用一个向右的三角形符号表示；将 Outside Edge 改为 Dot，出现一个圆圈；最后引脚显示名字为 $\overline{Q}$，这个名字只需在 Display Name 中输入 Q 和\即可，如图 10-25 所示。

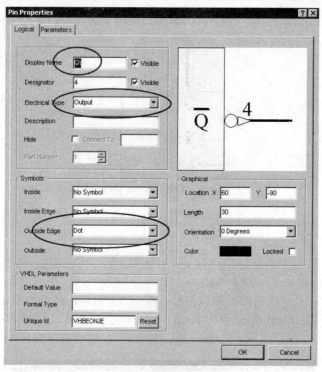

图 10-25　4 引脚

③ 16 和 8 引脚。16 和 8 引脚，代表 VCC 和 GND，在原理图中，并未显示，应加以隐藏，并修改引脚属性如图 10-26 和图 10-27 所示。

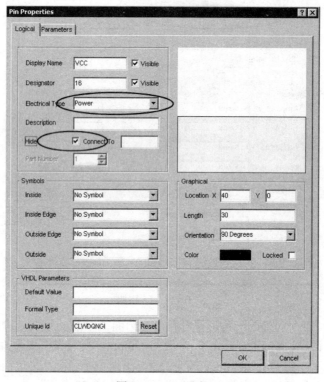

图 10-26　16 引脚

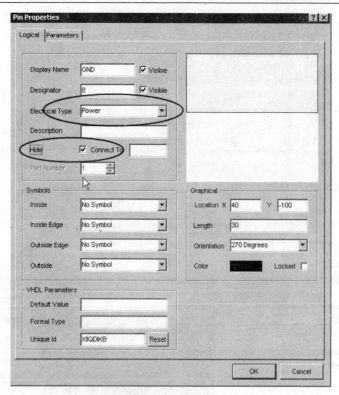

图 10-27　8 引脚

④ 实际元件图如图 10-28 所示。

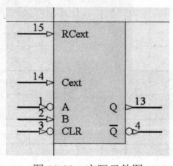

图 10-28　实际元件图

任务 6：绘制元件封装 SIP1

所有原理图元件绘制完成后，将界面切换至 PCB 元件编辑界面（库名称 PcbLib1.PcbLib），在此绘制 PCB 元件。

为了方便绘制 PCB 元件，按 Q 键，将计量单位切换为公制（mm）单位系统，执行菜单命令 Tools→Library Options，修改工作栅格，如图 10-29 所示。

元件 SIP1 封装绘制方法如下所示。

（1）执行菜单命令 Tools→New Blank Component，为 PCB 元件添加一个新的元件封装，如图 10-30 所示，此时可以发现 PCB 元件库面板的元件中多了一个元件封装（PCBComponent_1-duplicate）。

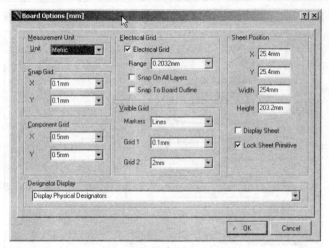

图 10-29　修改工作栅格

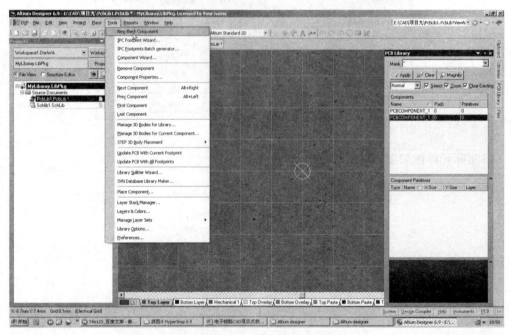

图 10-30　新建一个 PCB 元件封装

双击该元件，弹出如图 10-31 所示的 PCB Library Component 对话框，设置参数。

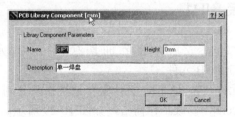

图 10-31　设置元件参数

（2）单击编辑区下方 Top Overlay 标签，将丝印层设定为当前层，按 Page UP 键或 Page Down 键，将编辑区缩放至合适大小。

（3）单击放置工具栏中 按钮，此时光标会附上一个焊盘，单击，放下这个焊盘，双击这个焊盘，打开 Pad 属性对话框，修改焊盘属性，如图 10-32 所示。

（4）按 V+F 键，自动查找焊盘，单击【放置】工具栏中的█按钮，绘制一个边框，如图 10-33 所示。

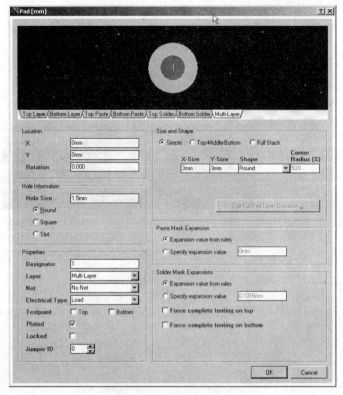

图 10-32　修改焊盘属性

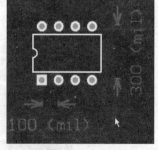

图 10-33　绘制边框

任务 7：绘制元件封装 DIP-8

DIP-8 封装如图 10-34 所示。

1）焊盘数据如下

（1）一块 8 个焊盘，1 号焊盘为矩形，其他为圆形。

（2）从 1 号焊盘开始，按逆时针顺序排列。

（3）焊盘横向间距为 100mil，纵向间距为 300mil，焊盘过孔。

（4）每个焊盘大小 1.5mm×1.5mm，孔径为 0.9mm。

图 10-34　DIP-8 封装

2）新建元件封装 DIP-8

执行菜单命令 Tools→New Blank Component，为 PCB 元件添加一个新的元件封装，如图 10-35 所示，双击该元件，修改其名称为 DIP-8。

3）绘制封装

（1）单击编辑区下方的█Top Overlay标签，将丝印层设定为当前层。

（2）单击放置工具栏中的█按钮，此时光标会附上一个焊盘，单击，放下这个焊盘。

（3）双击这个焊盘，如焊盘太小，按 V+F 键，找到焊盘。

（4）打开 Pad 属性对话框，修改焊盘属性，单位为公制（按 Q 键切换）。

按如图 10-36 所示的界面修改属性。

① 焊盘位置，X 为 0mm，Y 为 0mm；

② 过孔大小为 0.9mm；

③ 焊盘号为 1；

④ 焊盘大小为 1.5mm×1.5mm；

⑤ 焊盘形状为 Rectangular，矩形；

⑥ 单击 OK 按钮，确认修改焊盘属性。

图 10-35　新建元件

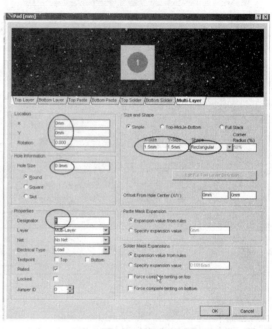

图 10-36　1 号焊盘属性

（5）这时 1 号焊盘坐标 X，Y 为（0，0），极可能不在当前编辑区域，按 V+F 键，找到修改后的 1 号焊盘，按 Page UP 键或 Page Down 键，将编辑区缩放至合适大小，如图 10-37 所示。

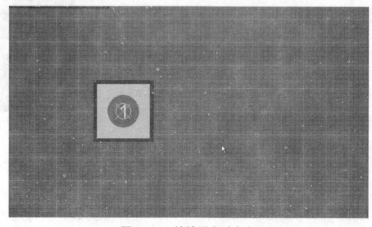

图 10-37　缩放至合适大小

（6）单击放置工具栏中的 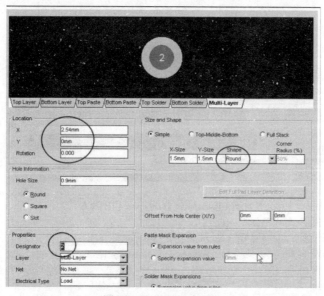 按钮，此时光标会附上一个焊盘，单击，放下第二个焊盘，双击修改属性，如图 10-38 所示。

① 横向偏移 X 为 2.54mm（100mil）为纵向 Y：0mm；

② 焊盘号为 2；

③ 焊盘形状为 Round，圆形；

④ 其他属性与 1 号焊盘相同。

图 10-38　2 号焊盘属性

（7）按如图 10-34 所示的信息，完成 8 个焊盘设计，如图 10-39 所示。

（8）单击放置工具栏中的 　 按钮和 按钮，绘制一个边框，如图 10-40 所示。

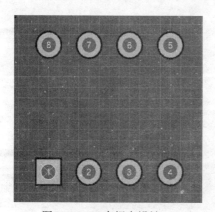

图 10-39　8 个焊盘设计

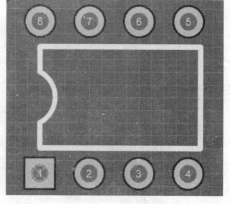

图 10-40　设计完成

任务 8：提取系统库里的元件封装 DIP-16

添加元件的一种便捷方法是从现有的元件库中复制，然后进行必要的修改，就可以把元件添加到个人的集成元件库中，原理图元件与 PCB 元件的复制方法相同，下面讲解 PCB 元件复制方法。

（1）执行菜单命令 File→Open，或单击标准工具栏中的![按钮]按钮，打开已有的集成元件库，如 Miscellaneous Devices 这个系统自带的集成元件库，路径为 X:\Program Files\Altium Designer\Library，弹出如图 10-41 所示的对话框，单击![Extract Sources]按钮。打开如图 10-42 所示的集成元件库。

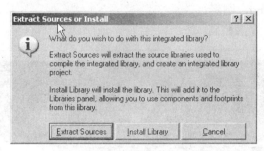

图 10-41 打开集成元件库对话框

图 10-42 集成元件库已打开

（2）选中项目面板中 Miscellaneous Devices.PcbLib 元件封装库，单击编辑界面右侧 PCB Library 标签，查找需要的元件封装，如 DIP-16 封装，如图 10-43 所示。

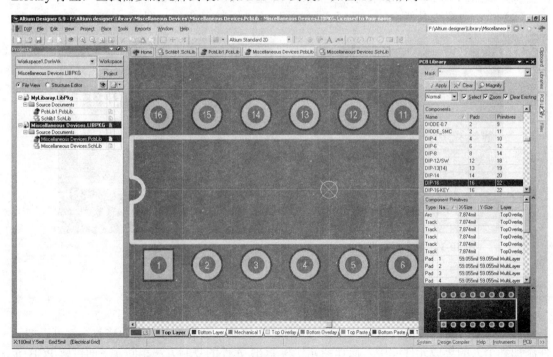

图 10-43 查找元件

在 DIP-16 封装上右击，在弹出的快捷键菜单中选择 Copy，复制元件，如图 10-44 所示。

然后选中项目面板中 PcbLib1.PcbLib 元件封装库，单击编辑界面右侧的 PCB Library 标签，在元件列表空白处右击，在弹出的快捷菜单中选择 Paste 1 Components，如图 10-45 所示，最终得到如图 10-46 所示的效果。

图 10-44　复制命令　　　　　　　　　图 10-45　复制封装

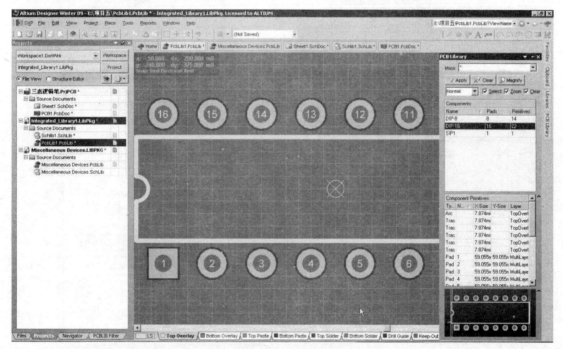

图 10-46　复制封装完成

任务 9：连接元件与元件封装

所有的原理图元件（元件符号）与 PCB 元件（元件封装）绘制完成后，还需要将它们连接起来。

在进行连接操作之前，先对照图 10-47 与图 10-48，确认所有元件的符号与封装是否创建完毕，如果列表中存在空白元件，应将其删除，并保存修改结果。

下面以原理图元件 CON1 为例，进行连接演示，它的符号名称为 CON1，封装名称为 SIP1。

（1）切换到原理图元件编辑界面，设置默认编号等属性，双击元件库面板元件列表下的元件 CON1，弹出 Library Component Properties 对话框，如图 10-49 所示。修改 Default Designator 为 J，即默认编号；Comment 为 CON1，即元件注释。

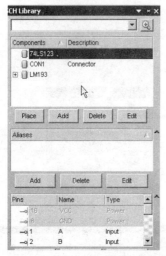

图 10-47　原理图元件列表

图 10-48　PCB 元件列表

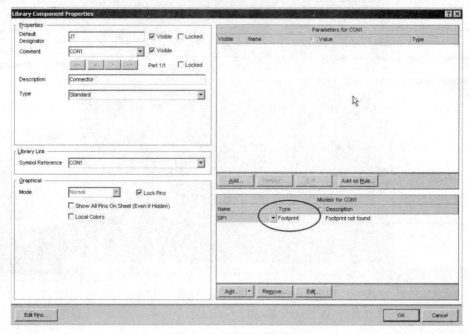

图 10-49　设置元件属性

（2）元件属性设置完成后，双击图 10-49 中的 Footprint，弹出 PCB Model 对话框，如图 10-50 所示。

（3）单击 PCB Model 对话框上方的 Browse... 按钮，弹出 Browse Libraries 对话框，如图 10-51 所示，选中 SIP1 后，关闭对话框。

（4）回到 PCB Model 对话框，可以发现刚才选中的 SIP1 封装已经显示在对话框中，如图 10-52 所示，最后关闭对话框。

同理设置元件 74Ls123，LM393，属性见表 10-3。

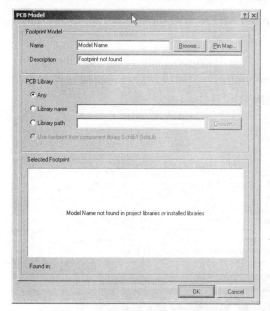

图 10-50 PCB Model 对话框

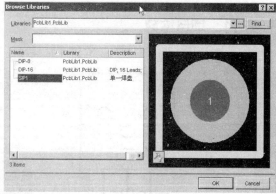

图 10-51 选择封装

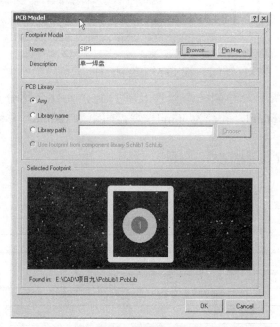

图 10-52 封装选择完成

表 10-3 元件与封装属性

元件名称	Default Designator	Comment	封装
74Ls123	IC?	74LS123	DIP-16
J1	J?	CON1	SIP1
LM393	IC?	LM393	DIP-8

任务 10：编译集成元件库

要使绘制的元件（包括元件符号与封装）可以应用到设计中，必须编译其成为集成元件。执行菜单命令 Project→Compile Integrated Library MyLibrary.Libpkg，编译集成元件库。
注意：编译集成元件库之前，应执行元件库保存命令。

编译完成后，会在元件库相同位置自动生成一个名为 Project Outputs for MyLibrary 文件夹，集成元件库位于该文件夹中，名为 MyLibaray.IntLib。编译成功后，该集成元件库会自动加载到右侧的元件库面板中，可以直接应用到 PCB 设计中。

任务 11：项目练习

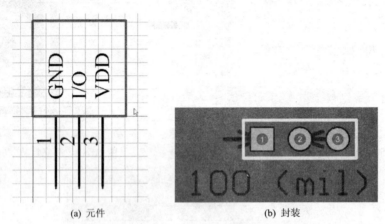

(a) 元件   (b) 封装

图 10-53　绘制元件

按照如图 10-53 所示，绘制一个元件及其封装，元件名称分别为 WD，封装名为 HDR1X3，焊盘大小为 60mil，孔径为 30mil，焊盘间距为 100mil，并编译该元件。

任务 12：项目评价

项目评价见表 10-4。

表 10-4　项目评价

学习收获	任务 1：	
	任务 2：	
	任务 3：	
	任务 4：	
	任务 5：	
	任务 6：	
	任务 7：	
	任务 8：	
	任务 9：	
	任务 10：	
	任务 11：	
综合提升		
建议要求		
教师点评		

STM32 开发板电路原理图与 PCB 设计

本项目目的：利用电子线路 CAD 软件 Altium Designer 完成 STM32 开发板电路原理图和印制电路板的设计，如图 11-1、图 11-2 和图 11-3 所示为 STM32 开发板电路的原理图。本项目与前面的项目相比，元件种类增多，对印制电路板设计的需求更高，加入的较多的贴片元器件及其封装。在元件种类方面，增加了 STM32F103C8T6 芯片、拨动开关、J-Link 接口等；在原理图方面，由于电路比较复杂，所以采用模块化方式，将原理图分为 STM32 核心系统、扩展接口以及电源三个部分；在印制电路板设计方面，需要合理地选择贴片元器件的封装，根据 PCB 板形与大小合理布线等。

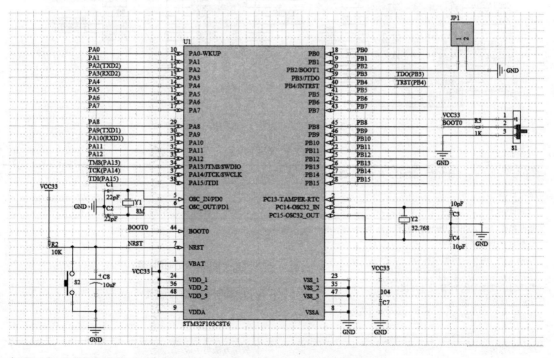

图 11-1 STM32 开发板原理图核心电路

本项目重点：利用 CAD 软件正确绘制原理图，并确定图中元器件的封装。如在 Altium Designer 元件及封装库中找不到与实际元件相符的元件及封装，应该根据实际元器件绘制元件及其封装，掌握工艺文件的编写，项目描述见表 11-1。

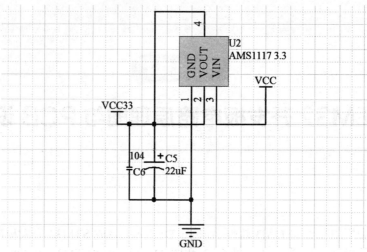

图 11-2 STM32 开发板原理图电源电路

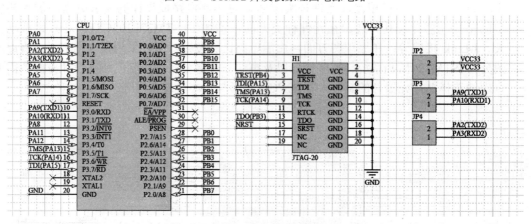

图 11-3 STM32 开发板原理图接口电路

表 11-1 项目描述

项目名称：STM32 开发板电路		课时	
学习目标			
技能目标		专业知识目标	
能够熟练操作 Altium Designer 软件； 熟悉原理图的绘制过程； 熟悉元件的编辑、绘制及调用； 能够改正原理图绘制过程中的常见错误； 熟练将原理图导入 PCB 设计环境； 了解元件布局的技巧； 掌握元件封装的绘制方法； 掌握工艺文件的编写		熟悉印制电路板的制作流程； 掌握元件、封装的概念； 掌握编写工艺文件的意义	
学习主要内容		教学方法与手段	
1. 项目资料信息收集； 2. 确认操作流程； 3. 整理项目材料及设备使用计划； 4. 熟悉整个操作过程； 5. 项目实施； 6. 设计检测； 7. 工艺文件的编写		项目+任务驱动教学； 分组工作和讨论； 实践操作； 现场示范； 生产企业顶岗实习	

续表

教学材料	使用场地及	工具	学生知识与能力准备	教师知识与能力要求	考核与评价
电子书籍、项目计划任务书、项目工作流程、厂家设备说明书	实训室、企业生产车间	计算机、快速制板系统、手动台钻、高精度数控钻床	操作安全知识、电子专业基础知识、基本电路识图能力、熟悉 Altium Designer 的操作	具有企业工作经历、熟悉整个项目流程、3 年以上教学经验	项目开题报告、项目策划、流程制定、产品质量、总结报告、顶岗实习表现

【项目分析】

项目要求如下所示。

（1）根据实际电路完成原理图设计并添加参数。

（2）根据实际元件确定并绘制所有元件封装。

（3）根据原理图生成网络表文件。

（4）根据工艺要求绘制单面 PCB，PCB 工艺要求如下所示。

① 印制电路板尺寸及形状如图 11-4 所示；

② 双面板设计；

③ 地线、电源线宽度设置为 0.5mm，其他数据线设置为 0.254mm（10mil），安全间距为 0.203mm（8mil）。

（5）编制工艺文件。

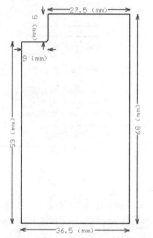

图 11-4 印制电路板尺寸及形状

【项目任务实施】

任务 1：绘制元器件

执行菜单命令 File→Project→PCB Project 建立一个新的 PCB 工程；执行菜单命令 File→Save Project 后，在弹出的对话框中选择合适的目录，输入工程文件名 STM32 后保存，文件类型为 PCB Projects（*.PrjPcb）。

在 Altium Designer 软件右侧的工程窗口中找到刚才建立的工程，右击，在弹出的快捷菜单中选择 Add New to Project→Schematic Library，为这个工程添加一个原理图库文件，然后保存原理图库文件到相应的目录下，文件格式为*.SchLib。

在新建的原理图库文件的工作区域有两条十字交叉的实心黑线，这两条线的交点为整个图纸的原点，如图 11-5 所示，绘制元件时应该绘制在十字坐标的第四象限。

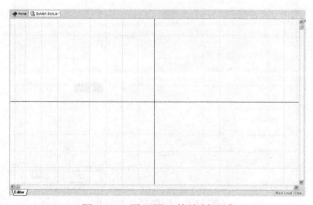

图 11-5 原理图元件绘制区域

　　如原理图中的名为 CPU 的元件是一个 40 引脚的元件，如图 11-6 所示。这里就以这个元件为例，介绍如何绘制一个元件库中无法找到的元件。

　　首先来了解一下能够使用的工具，如图 11-7 所示。

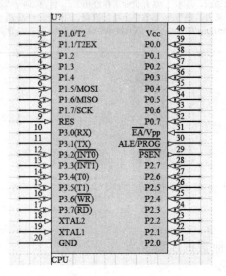

图 11-6　已绘制元件　　　　　　　　　　图 11-7　绘图工具

　　利用【矩形】工具在工作区域的第四象限绘制一个大小合适的矩形作为元件体，然后为这个元件添加引脚，选择【放置引脚】工具，将会出现一个引脚，随光标移动，引脚上有两个数字，有数字的一端为引脚的根部，需要靠近元件，可以按 Space 键调整引脚的方向，在元件体适当的位置单击，放置引脚。对任意一个引脚双击可以更改其属性，如图 11-8 所示。根据实际元件引脚属性输入显示名称（Display Name）、引脚号（Designator）并且选择电气类型（Electrcal Type），修改引脚长度（Length）。

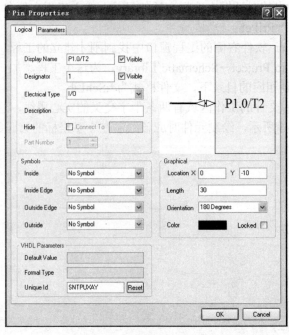

图 11-8　引脚属性对话框

将元器件的 40 个引脚放置完成并修改属性后，执行菜单命令 Tools→Rename Components，为元件重命名。在屏幕右侧的 SCH Library 窗口中找到已完成的元件，双击打开其属性对话框，如图 11-9 所示。更改其标号等属性。

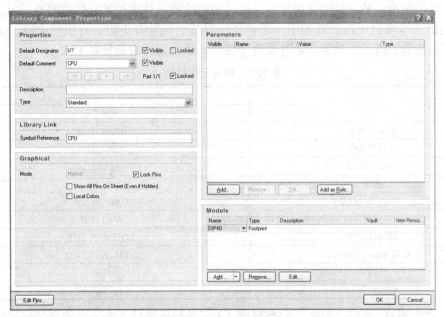

图 11-9　元件属性

这样就完成了一个元件的绘制，执行菜单命令 Tools→New Component，新建一个元件，将原理图中的其余元器件制作出来，保存。

任务 2：绘制原理图

右击左侧工程窗口中的 STM32 工程，在弹出的快捷菜单中选择 Add New to Project→Schematic，为工程添加一个原理图文件，保存为*.SchDoc 格式。

执行菜单命令 Design → Document Option，在 Standard Style（标准风格）选项窗口的右上角，单击下拉列表，选择图纸大小为 A4。

打开右侧的 Libraries（元件库），单击 Libraries 按钮打开库文件安装对话框如图 11-10 所示。

单击 Install 按钮，选择之前保存的原理图库文件（*.SchLib），然后关闭对话框。那么在 Libraries 窗口中就可以选择这个元件库，并调用里面已经制作完成的元件。

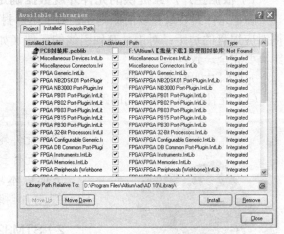

图 11-10　库文件安装对话框

根据实际电路绘制原理图，元件库采用的是 Miscellaneous Devices.Intlib、Miscellaneous Connectors.Intlib（接口元件）以及制作元件库得到的原理图文件（图 11-1、图 11-2 和图 11-3）。

任务 3：绘制元件封装（封装向导与贴片元件封装）

经过以上两个任务，已经完成了电路原理图的绘制，并添加了元件的型号，但元件的封装尚未确定。本项目电路原理图中，需要添加封装的元件有电阻、有极性电容、无极性电容、三端稳压管、开关、按键、芯片及各个接口，所有元件封装见表 11-2。

表 11-2　所有元件封装

元 件 名 称	封装（Footprint）
电阻	0805 自制
有极性电容	1206C 自制
无极性电容	0805C 自制
CPU 转接口	DIP40 自制
按键	AN6×6 自制
JTAG-20 接口	JTAG-20 自制
开关	SW2 自制
STM32 芯片	LQFP48_N 自制
晶振 12MHz / 32.768kHz	XTAL 自制 / R38
插针	PIN2
AMS1117-3.3	SOT223_M

其中 32.768kHz 晶振、插针、AMS1117-3.3 三端稳压管这 3 个元件的封装在元件封装库 Miscellaneous Devices.PcbLib 中可以找到，其他的则需要用户根据实际元件自制。

设计 PCB 图最关键的是要正确绘制元件封装，使元件放置在 PCB 上的位置准确，安装方便，而正确绘制元件封装的前提是根据实际元件确定封装参数。

确定元件封装参数的方法主要有两种。一种是根据生产厂家提供的元件外观数据文件，另一种是对元件进行实际测量。本节主要介绍通过生产厂家提供的元件外观数据来确定元件封装参数的方法。

1）根据生产厂家提供的元件外观数据确定封装参数的原则

确定元件封装最重要的原则是：对于贴片封装的元件，焊盘中心距应该正好等于元件两侧对应焊盘的边距；对于具有硬引线的元件（如开关、插针等），引脚间的距离与焊盘间的距离要完全一致。

元件封装四要素如下所示。

（1）元件引脚、焊盘间的距离。

（2）焊盘内径与外径。

（3）元件轮廓。

（4）元件封装引脚与元件符号引脚的对应。

下面以本项目实际元件作为范例进行讲解，首先是 STM32 芯片封装的绘制。

2）STM32 芯片封装的绘制

元件实物如图 11-11 所示。

本项目中 STM32 芯片为 ST 公司的 STM32F103C8T6，在相应的芯片技术手册中可以得到芯片的封装参数，如图

图 11-11　元件实物图

11-12 所示。

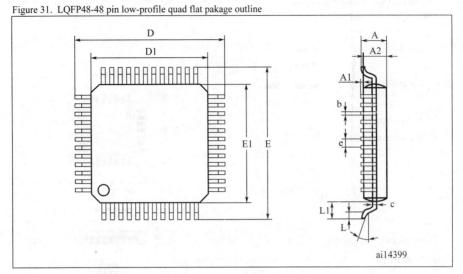

Figure 31. LQFP48-48 pin low-profile quad flat pakage outline

ai14399

图 11-12　元件封装参数

　　对已有的工程右击，在弹出的快捷菜单中选择 Add New to Project→PCB Library，添加一个 PCB 的封装库文件，保存为*.PcbLib 格式。对于芯片类的元器件，可以利用向导工具方便的生产其封装。执行菜单命令 Tools→IPC Footprint Wizard 进入 IPC 向导，单击 Next 按钮。选择 PQFP 如图 11-13 所示，单击 Next 按钮。

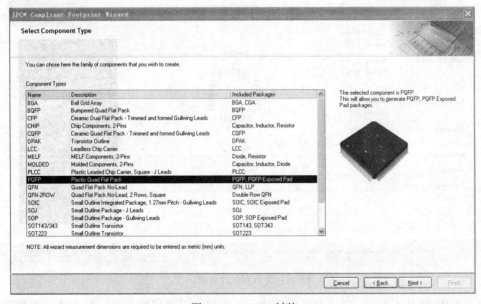

图 11-13　PQFP 封装

　　根据官方提供的数据资料里的参数 D=9mm，E=9mm，A=1.6mm，A1=0.15mm，在出现的窗口中输入对应的数据，并选择第一引脚的位置"Side of D"，如图 11-14 所示，单击 Next 按钮。

　　在接下来出现的窗口中，同样输入官方手册提供的数据，如图 11-15 所示。单击 Finish（完成）按钮。

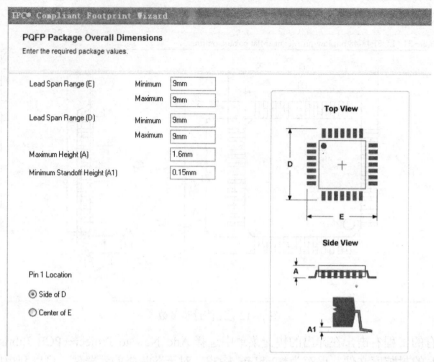

图 11-14 生成 PQFP 封装页面（一）

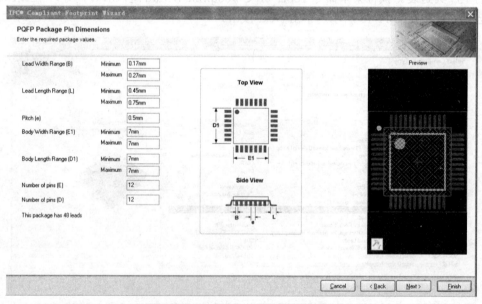

图 11-15 生成 PQFP 封装页面（二）

双击左侧 PCB Library 窗口中新生成的元件，打开元件属性窗口，修改新元件的属性，如图 11-16 所示。

得到的封装如图 11-17 所示。

3）开关封装的绘制

执行菜单命令 Tools→New Blank Component，新建元件封装，双击 PCB Library 窗口中新建的元件，将封装名字改为 SW2。

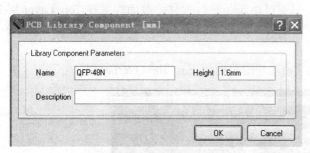

图 11-16　新元器件属性

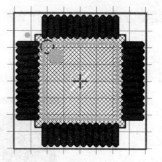

图 11-17　STM32 芯片封装

首先查阅对应开关的封装参数，具体参数如图 11-18 所示。

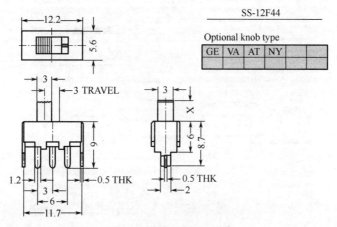

图 11-18　开关对应参数

按 Ctrl+End 键回到绘图区域原点，绘制开关的封装，按照已知数据放置焊盘，并执行菜单命令 Place→Line 为该封装绘制轮廓，如图 11-19 所示。边框绘制在 Top Overlay，颜色为黄色；焊盘放置在 Multi-Layer，颜色为灰色；两侧焊盘大小为 X=4mm，Y=2mm，过孔直径为 1.5mm；中间三个焊盘大小为 X=2.5mm，Y=2mm，过孔直径为 1mm。

执行菜单命令 Tools→New Blank Component，新建元件封装。

4）贴片电阻封装的绘制

执行菜单命令 Tools→New Blank Component，新建元件封装，请根据如图 11-20 所示完成贴片电阻封封装的手动绘制，其中焊盘为 1.27mm 正矩形焊盘，位于顶层，双击 PCB Library 窗口中新建的元件，将封装名字改为 0805。

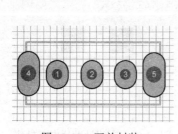

图 11-19　开关封装

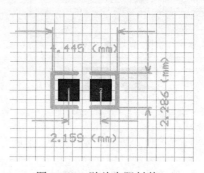

图 11-20　贴片电阻封装

绘制方法与项目 6 没什么不同，只不过由于是贴片元件，故而焊盘在 Top Layer 层,即顶层，而不是原来 Multi-Layer 层，同时贴片元件焊盘没有内孔，所以焊盘属性中，Hole Size 为灰色，不可编辑。

1 号焊盘属性，如图 11-21 所示，元件外围边框依旧在 Top Overlay 层。

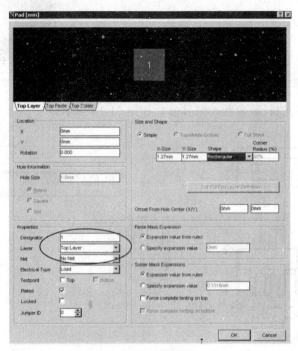

图 11-21　1 号焊盘属性

5）无极性贴片电容封装的绘制

执行菜单命令 Tools→New Blank Component，新建元件封装，请根据如图 11-22 所示完成无极性贴片电容封装的手动绘制，其中焊盘为 1.27mm 正矩形焊盘，位于顶层，双击 PCB Library 窗口中新建的元件，将封装名字改为 0805C。

6）有极性贴片电容封装的绘制

执行菜单命令 Tools→New Blank Component，新建元件封装，请根据如图 11-23 所示完成有极性贴片电容封装的手动绘制，其中焊盘为 1.5mm 正矩形焊盘，位于顶层，双击 PCB Library 窗口中新建的元件，将封装名字改为 1206C。

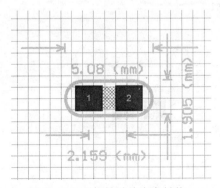

图 11-22　无极性贴片电容封装

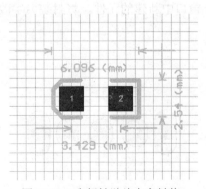

图 11-23　有极性贴片电容封装

7）CPU 转接口封装的绘制

执行菜单命令 Tools→New Blank Component，新建元件封装，请根据如图 11-24 所示完成 CPU 接口转封装封装的手动绘制，其中焊盘为 X=2.54mm，Y=1.27mm，孔径为 0.8mm，位于 Multi-Layer，双击 PCB Library 窗口中新建的元件，将封装名字改为 DIP40。

8）其他元件封装的绘制

接下来依次绘制按键（图 11-25）、晶振（图 11-26）以及 JTAG-20（图 11-27）接口的封装。晶振焊盘直径为 1.65mm，孔径直径为 0.635mm。

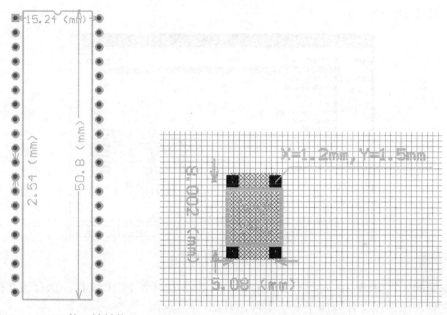

图 11-24　CPU 接口转封装　　　　　　　图 11-25　按键封装

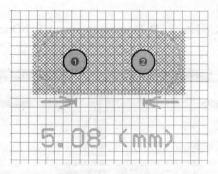

图 11-26　晶振封装

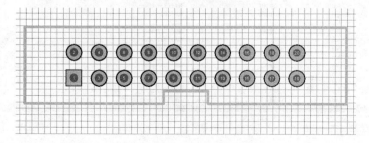

图 11-27　JTAG-20 封装数据

方形焊盘为第一脚，向右是 3、5、7 等，方形焊盘上方为 2 号引脚，向右为 4、6、8 引脚等，焊盘直径为 1.65m，孔径直径为 0.9mm。

任务 4：PCB 板设计准备

回到原理图设计窗口，打开右侧的 Libraries（元件库），单击 Libraries 按钮打开库文件安装对话框，单击 Install 按钮，选择之前保存的封装库文件（*.PcbLib），然后关闭对话框，这样在为元件添加封装时就能选择刚才添加到封装库里的封装，如图 11-28 所示。将所有元件封装添加完毕。

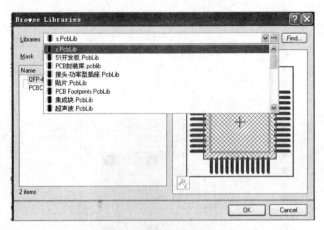

图 11-28　选择封装库

在左侧的工程窗口中，对已有工程右击，为其添加一个 PCB 文件，保存该文件后，要确保该文件和原理图文件同属于一个工程，且都已经保存。

1）将原理图导入 PCB

执行菜单命令 Design→Update PCB Document to xxx.PcbDoc，弹出如图 11-29 所示的对话框。

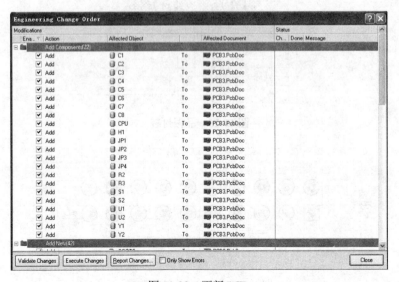

图 11-29　更新 PCB

单击 Execute Changes 按钮，将元件更新到 PCB 文件中，将 PCB 文件中元件上面的站位框删除，就可以逐一移动元件了。

2）绘制电气边界

选择 Keep-Out Layer 层，执行菜单命令 Place→Line 绘制电气边框，如图 11-30 所示，具体要求参考本项目的项目要求。

在 PCB 设计时，出于方便制板的考虑，通常要标注某些尺寸，一般尺寸标注放置在丝网层上，不具备电气特性。执行菜单命令 Place→Dimension→Dimension 进入放置尺寸标注状态，将光标移到要标示尺寸的起点，再移动光标到要标示尺寸的终点，再次单击，即完成了两点之间尺寸标示的放置，而两点之间的距离由程序自动计算得出，如图 11-31 所示。

图 11-30　电气边界

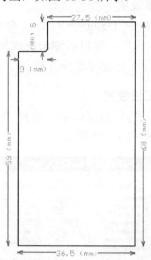

图 11-31　电气边界尺寸

任务 5：手动布局

元件放置完毕，应从机械结构、外设链接方便、电磁干扰及布线的方便性等方面综合考虑元件布局。本项目中，布局时应考虑的问题包括以下几点。

（1）单片机的晶振应尽量靠近与单片机。

（2）端子，接口、开关及按键应该尽量靠外围摆放。

（3）为防止电路干扰，2 个电感不能距离太近。

（4）本电路元件较多，所以可考虑将个别元器件放在底层，如晶振。双击晶振，在其属性对话框中将其所在板层改为 Botton Layer。

（5）在 PCB 较大时，查找元件比较困难，此时可以执行 Jump 命令进行元件跳转。

执行菜单命令 Edit→Jump→Component，弹出一个对话框，在对话框中输入要查找的元件标号，单击 OK 按钮，光标跳转到指定元件上。

根据以上考虑，电路布局如图 11-32 所示。

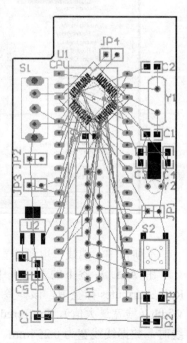

图 11-32　STM32 开发板电路布局

在布局时除了要考虑元件的位置外，还必须调整好丝网层上文字符号的位置。元件布局调整后，往往元件标注的位置过于杂乱，尽管并不影响电路的正确性，但电路的可读性差，在电路装配或维修时不易识别元件，所以布局结束后还必须对元件标注进行调整。元件标注文字一般要求排列要整齐，文字方向要一致，不能将元件的标注文字放在元件的框内或压在焊盘或过孔上。元件标注的调整采用移动和旋转的方式进行，与元件的操作相似；修改标注内容可直接双击该标注文字，在弹出的对话框中进行修改。

任务 6：自动布线

1）设置布线层

执行菜单命令 Design→Rules，得到设计规则对话框。选择 Routing Layers 列表下的 Routing Layers 选项，窗口右侧出现线层规则，本项目中，将 Rule Attributes 中 Top Layer 和 Bottom Layer 选项右边的选择位都打上√。单击 Apply 按钮。

2）设置布线线宽

在刚才打开的规则窗口中，选择 Routing 列表框中的 Width 选项，右侧出现【线宽设置】对话框，如图 11-33 所示。

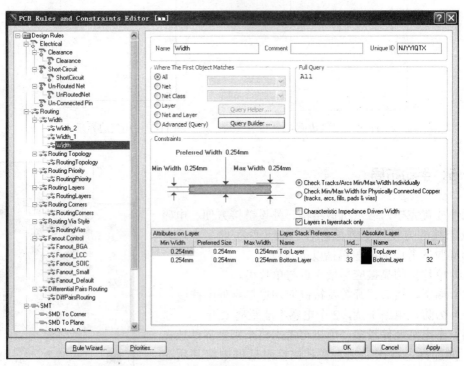

图 11-33 【线宽设置】对话框

本项目中，地线、电源线宽度设置为 0.5mm，其他数据线设置为 0.254mm。

在 ALL 标签下的下拉框中，选择 Whole Board，该选项用来设置数据线，设置值在 Rule Attributes 标签中，该标签有 3 个可设置值，Minimum Width（线宽最小值），Maximum Width（线宽最大值），Preferred Width（线宽优选值），将 3 个设置值都设置为 0.254mm，布线时，数据线线宽为 0.254mm。

在窗口左侧 Width 上右击，在弹出的快捷菜单中选择 New Rule，出现一个新的线宽规则页面，在 Where The First Object Matches 中选择 Net，设置节点为 VCC，然后将该标签的 3 个可设置值，Minimum Width（线宽最小值），Maximum Width（线宽最大值），Preferred Width（线宽优选值），都设为 0.5mm，如图 11-34 所示。

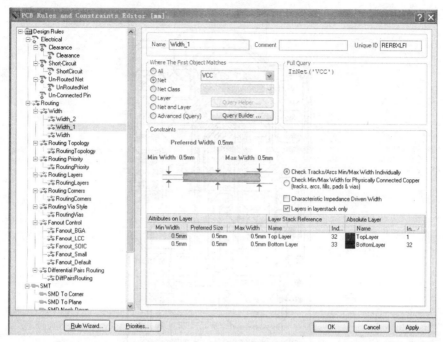

图 11-34　设置网络线宽

利用同样的方法，再次添加一个新的规则，将 GND 的线宽也设置为 0.5mm。

3）设置过孔

在 Routing Via Style 中将过孔的外径设置为 0.8mm，内径设置为 0.4mm，如图 11-35 所示。

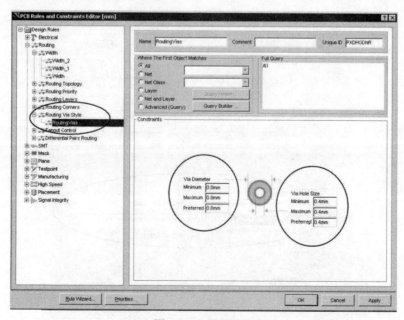

图 11-35　设置过孔

4）自动布线及覆铜

执行菜单命令 Auto Route→All，在【自动布线器设置】对话框中。采用默认设置，单击 Route All 按钮，完成自动布线，如图 11-36 所示。

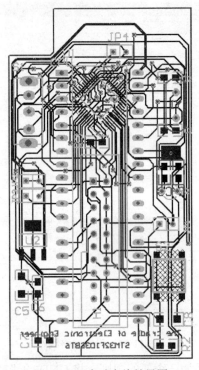

图 11-36　自动布线效果图

执行菜单命令 Place→Polygon Pour，选中顶层，连接点为 GND，如图 11-37 所示。单击 OK 按钮，沿电气边框画一个闭合的区域进行覆铜。

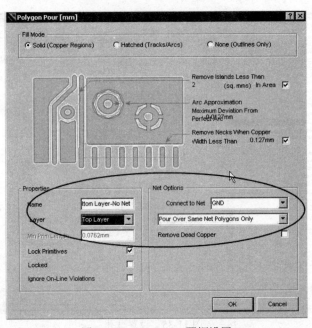

图 11-37　Top Layer 覆铜设置

同样的方法，选中底层，连接点依然为 GND，为底层覆铜，如图 11-38 所示。

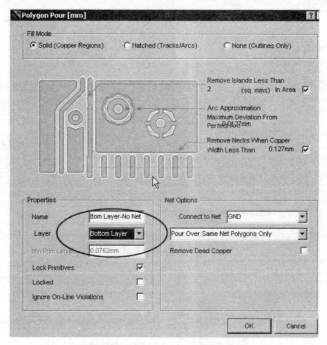

图 11-38　Bottom Layer 覆铜设置

覆铜后的结果，如图 11-39 所示。

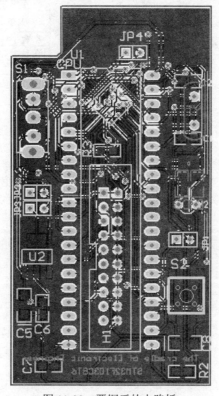

图 11-39　覆铜后的电路板

任务 7：项目练习

练习要求如下所示。

（1）要求原理图图纸尺寸自定。

（2）原理图如图 11-40 所示，共有 16 个模块，图 11-41～图 11-47，为 16 模块的原理图。

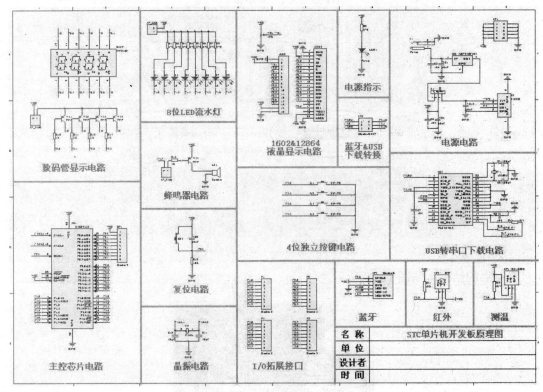

图 11-40　STC 单片机开发板原理图

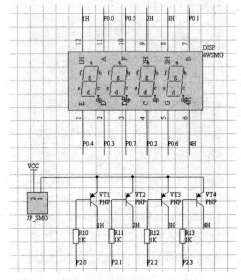

图 11-41　数码管显示电路

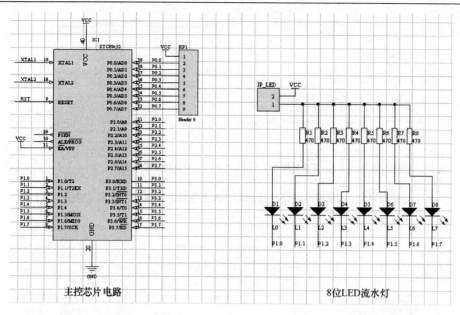

图 11-42　主控芯片与 8 位 LED 流水灯电路

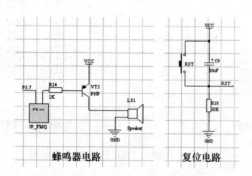

图 11-43　蜂鸣器、复位与晶振电路

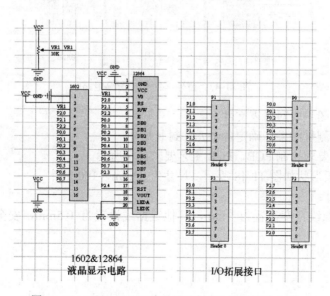

图 11-44　1602&12864 液晶显示与 I/O 拓展接口电路

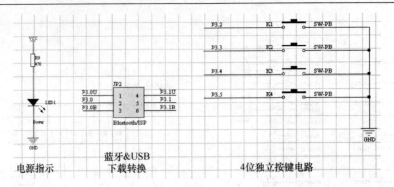

图 11-45　电源指示电路、蓝牙&USB 下载转换与 4 位独立按键电路

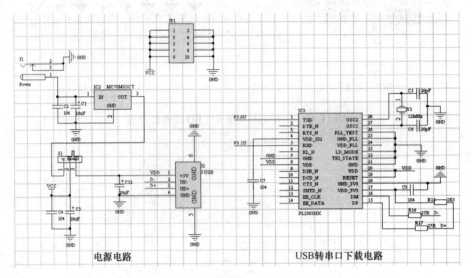

图 11-46　电源与 USB 转串口下载电路

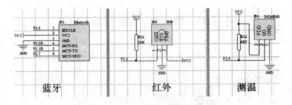

图 11-47　蓝牙、红外与测温电路

（3）根据原理图生成网络表文件。

（4）根据实物测量结果，确定各个元件封装尺寸。

（5）根据工艺要求绘制 PCB，PCB 工艺要求如下所示。

① 印制电路板形状如图 11-48 所示，尺寸为 80mm×100mm；

② 双面板设计；

③ 地线、电源线宽度设置为 1mm，其他数据线设置为 0.5mm，安全间距为 0.254mm（10mil）。

（6）编制工艺文件。

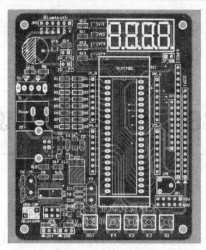

图 11-48　STC 单片机开发板 PCB 设计

任务 8：项目评价

项目评价见表 11-3。

表 11-3　项目评价

学习收获	任务 1：	
	任务 2：	
	任务 3：	
	任务 4：	
	任务 5：	
	任务 6：	
	任务 7：	
综合提升		
建议要求		
教师点评		

PCB 设计基础与规则设置

本项目主要介绍 PCB 设计的一些基本设置与方法，如 PCB 查看、PCB 层的设置等。

【项目任务实施】

任务 1：查看 PCB

1）查看整个设计

执行菜单命令 View→Fit Document，或单击 PCB 标准工具栏中 ⬚ 按钮，显示设计中的所有对象。

2）查看整个图纸

执行菜单命令 View→Fit Sheet，将显示整张图纸。

3）查看 PCB

执行菜单命令 View→Fit Board，将显示整块 PCB。PCB 的形状可以通过 Design→Board Shape 下的一个命令来设置。

4）查看区域

执行菜单命令 View→Area，可以选择一个区域来查看，被选中区域将放大为满屏显示。

5）放大与缩小

按 Ctrl 键，再滚动鼠标滚轮，可以缩放 PCB 编辑区；按 Page UP 键或 Page Down 键，也可以很方便地放大或缩小 PCB 编辑区。

任务 2：调整元件旋转角度

当光标上附有一个元件时，按 Space 键，系统默认旋转为 90°。而在 PCB 元件放置中，不是所有元件都需要 90°放置的，也有其他角度的放置需求，这时就需要调整每次旋转的角度。

执行命令 Tools→Preferences…，弹出 Preferences 对话框，打开 PCB Editor 下的 General 页面，调整 Rotation Step 栏中的数值，如图 12-1 所示，即可以设置旋转角度。

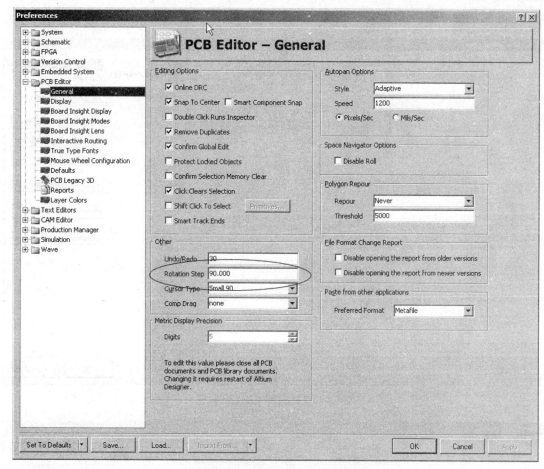

图 12-1　Preferences 对话框

任务 3：设置 PCB 层

PCB 设计中任何操作，都与工作层有关，PCB 编辑区下方的层标签栏，是管理所有这些可用层的工具，如图 12-2 所示。

图 12-2　可用层的工具

层标签栏表明当前 PCB 属于什么类型，单击每个层标签栏就可以将其定义为当前层，也就能够在对应的 PCB 编辑区完成各种操作，例如常用的 Top Layer（顶层）、Bottom Layyer（底层）和 Top Overlay（丝印层），就是用于布线的信号层。为了更直观的观察 PCB 层，常用层的颜色来区分各种 PCB 层，如 Top Layer（红色）、Bottom Layyer（蓝色）、Top Overlay（黄色）等。

在 PCB 编辑界面下，执行菜单命令 Design→Layer Stack Manager…，弹出如图 12-3 所示的 Layer Stack Manager（板层管理器）对话框。

1）常用的板层范例

单击对话框上的 Menu 按钮，弹出如图 12-4 所示的菜单，选择 Example Layer Stacks，这是常用的板层范例。

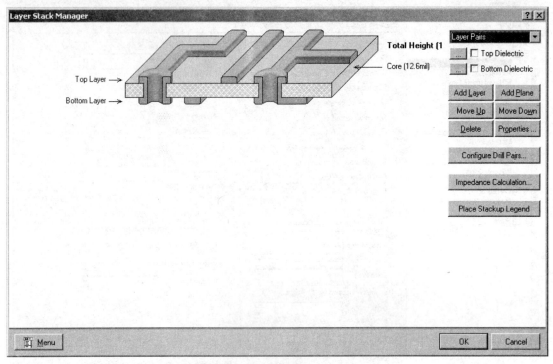

图 12-3 【板层管理器】对话框

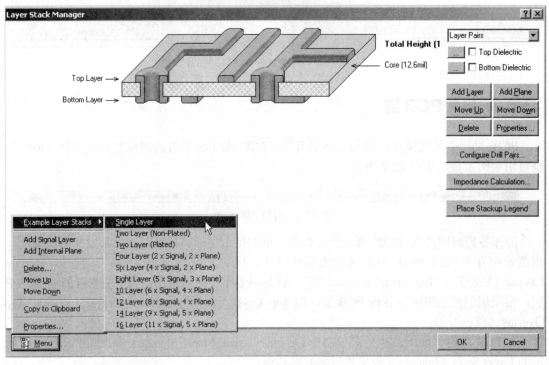

图 12-4 常用板层范例

① Single Layer：单面板。

② Two Layer(Non-Plated)：双面板（不镀金）。

③ Two Layer(Plated)：双面板（镀金）。

④ Four Layer(2×Signal,2×Plane)：4 层板（2×信号层，2×内电层）。

⑤ Six Layer(4×Signal,2×Plane)：6 层板（4×信号层，2×内电层）。

⑥ Eight Layer(5×Signal,3×Plane)：8 层板（5×信号层，3×内电层）。

⑦ 10 Layer(6×Signal,4×Plane)：10 层板（6×信号层，4×内电层）。

⑧ 12 Layer(8×Signal,4×Plane)：12 层板（8×信号层，4×内电层）。

⑨ 14 Layer(9×Signal,5×Plane)：14 层板（9×信号层，5×内电层）。

⑩ 16 Layer(11×Signal,5×Plane)：16 层板（11×信号层，5×内电层）。

一般单片板设计选择 Single Layer，双面板设计选择 Two Layer(Non-Plated)，四层板选择 Four Layer。系统默认板层为双面板。

2）板层管理器常见设置

如图 12-3 所示，板层管理对话框中，有许多可选项，可以完成设计所需要的板层。

① Top Dielectric：顶层绝缘。选中该选项后，PCB 顶层将附上绝缘层，单击 ▢▢▢ 按钮，弹出如图 12-5 所示的【绝缘层属性】对话框。在对话框中，可以设置材料（Material）、厚度（Thickness）和绝缘层常数（Dielectric constant）。

② Bottom Dielectric：底层绝缘。操作方法如上。

③ Add Layer ：添加信号层。单击该按钮，将在选中层下方添加一个信号层。

④ Add Plane ：添加内电层。单击该按钮，将在选中层下方添加一个内电层。

⑤ Move Up 、 Move Down ：Move Up（向上）按钮或 Move Down（向下）按钮。单击该按钮，将选中层向上或向下移动一层。

⑥ Delete ：删除按钮。单击该按钮，将选中层删除。

⑦ Properties... ：属性按钮。选中某一层，单击该按钮，弹出如图 12-6 所示的对话框，选中顶层，可以设置顶层的层名（Name）与厚度（Copper thickness）。

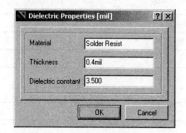

图 12-5 【绝缘层属性】对话框

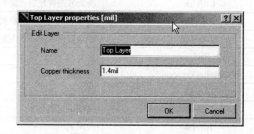

图 12-6　Top Layer 厚度

⑧ Configure Drill Pairs... ：设置钻孔对。单击该选项，可以设置 PCB 可以添加的钻孔类型。

⑨ Impedance Calculation... ：阻抗计算。

⑩ Place Stackup Legend ：放置堆栈图例。

附录 A

Protel 99SE 常用快捷键

快 捷 键	功 能
Enter	选取或启动
Esc	放弃或取消
F1	启动在线帮助窗口
Tab	启动浮动图件的属性窗口
PGUP	放大窗口显示比例
PGDN	缩小窗口显示比例
End	刷新屏幕
Del	删除点取的元件（1 个）
Ctrl+Del	删除选取的元件（2 个或 2 个以上）
X+A	取消所有被选取图件的选取状态
X	将浮动图件左右翻转
Y	将浮动图件上下翻转
Space	将浮动图件旋转 90°
Crtl+Ins	将选取图件复制到编辑区里
Shift+Ins	将剪贴板里的图件贴到编辑区里
Shift+Del	将选取图件剪切放入剪贴板里
Alt+Backspace	恢复前一次的操作
Ctrl+Backspace	取消前一次的恢复
Ctrl+G	跳转到指定的位置
Ctrl+F	寻找指定的文字
Alt+F4	关闭 Protel
Space	绘制导线，直线或总线时，改变走线模式
V+D	缩放视图,以显示整张电路图
V+F	缩放视图,以显示所有电路部件
Home	以光标位置为中心,刷新屏幕
Backspace	放置导线或多边形时，删除最末一个顶点
Delete	放置导线或多边形时，删除最末一个顶点
Ctrl+Tab	在打开的各个设计文件文档之间切换
Alt+Tab	在打开的各个应用程序之间切换
A	弹出 Edit\Align 子菜单
B	弹出 View\Toolbars 子菜单
E	弹出 Edit 菜单
F	弹出 File 菜单

续表

快 捷 键	功 能
H	弹出 Help 菜单
J	弹出 Edit\Jump 菜单
L	弹出 Edit\Set Location Makers 子菜单
M	弹出 Edit\Move 子菜单
O	弹出 Options 菜单
P	弹出 Place 菜单
Q	PCB 中 mm/mil 单位切换
R	弹出 Reports 菜单
S	弹出 Edit\Select 子菜单
T	弹出 Tools 菜单
V	弹出 View 菜单
W	弹出 Window 菜单
X	弹出 Edit\Deselect 菜单
Z	弹出 Zoom 菜单
左箭头	光标向左移动 1 个电气栅格
Shift+左箭头	光标向左移动 10 个电气栅格
右箭头	光标向右移动 1 个电气栅格
Shift+右箭头	光标向右移动 10 个电气栅格
上箭头	光标向上移动 1 个电气栅格
Shift+上箭头	光标向上移动 10 个电气栅格
下箭头	光标向下移动 1 个电气栅格
Shift+下箭头	光标向下移动 10 个电气栅格
Ctrl+1	以零件原来的尺寸的大小显示图纸
Ctrl+2	以零件原来的尺寸的 200%显示图纸
Ctrl+4	以零件原来的尺寸的 400%显示图纸
Ctrl+5	以零件原来的尺寸的 50%显示图纸
Ctrl+F	查找指定字符
Ctrl+G	查找替换字符
Ctrl+B	将选定对象以下边缘为基准，底部对齐
Ctrl+T	将选定对象以上边缘为基准，顶部对齐
Ctrl+L	将选定对象以左边缘为基准，靠左对齐
Ctrl+R	将选定对象以右边缘为基准，靠右对齐
Ctrl+H	将选定对象以左右边缘的中心线为基准，水平居中排列
Ctrl+V	将选定对象以上下边缘的中心线为基准，垂直居中排列
Ctrl+Shift+H	将选定对象在左右边缘之间，水平均布
Ctrl+Shift+V	将选定对象在上下边缘之间，垂直均布
F3	查找下一个匹配字符
Shift+F4	将打开的所有文档窗口平铺显示
Shift+F5	将打开的所有文档窗口层叠显示
Shift+单击	选定单个对象
Ctrl+单击	再释放 Ctrl 拖动单个对象
Shift+Ctrl+单击	移动单个对象
按 Ctrl 后移动或拖动移动对象时，不受电气格点限制	
按 Alt 后移动或拖动移动对象时，保持垂直方向	
按 Shift+Alt 后移动或拖动移动对象时，保持水平方向	

Protel 99SE 分立元件库中英文对照

1. 常用分立元件库

（1）常用原理图元件库

Miscellaneous Devices.ddb

Dallas Microprocessor.ddb

Intel Databooks.ddb

Protel DOS SchematicLibraries.ddb

（2）PCB 元件常用库

Advpcb.ddb

General IC.ddb

Miscellaneous.ddb

2. 部分分立元件名称及中英对照

（1）Miscellaneous Devices.ddb 库分立元件

AND 与门

ANTENNA 天线

BATTERY 直流电源

BELL 铃

BVC 同轴电缆接插件

BRIDEG 1 整流桥（二极管）

BRIDEG 2 整流桥（集成块）

BUFFER 缓冲器

BUZZER 蜂鸣器

CAP 电容

CAPACITOR 电容

CAPACITOR POL 有极性电容

CAPvar 可调电容

CIRCUIT BREAKER 熔断丝

COAX 同轴电缆

CON 插口

CRYSTAL 晶体振荡器

DB 并行插口

DIODE　二极管

DIODE SCHOTTKY　稳压二极管

DIODE varACTOR　变容二极管

DPY_3-SEG 3 段 LED

DPY_7-SEG 7 段 LED

DPY_7-SEG_DP 7 段 LED（带小数点）

ELECTRO　电解电容

FUSE　熔断器

INDUCTOR　电感

INDUCTOR IRON　带铁芯电感

INDUCTOR3　可调电感

JFET N N 沟道场效应管

JFET P P 沟道场效应管

LAMP　灯泡

LAMP NEDN　启辉器

LED　发光二极管

METER　仪表

MICROPHONE　麦克风

MOSFET MOS 管

MOTOR AC　交流电动机

MOTOR SERVO　伺服电动机

NAND　与非门

NOR　或非门

NOT　非门

NPN NPN 三极管

NPN-PHOTO　感光三极管

OPAMP　运放

OR　或门

PHOTO　感光二极管

PNP　三极管

NPN DAR NPN 三极管

PNP DAR PNP 三极管

POT　滑线变阻器

PELAY-DPDT　双刀双掷继电器

RES1.2　电阻

RES3.4　可变电阻

RESISTOR BRIDGE　桥式电阻

RESPACK1.2.3.4　电阻

SCR　晶闸管

PLUG　插头

PLUG AC FEMALE　三相交流插头

SOCKET　插座

SOURCE CURRENT　电流源

SOURCE VOLTAGE　电压源

SPEAKER　扬声器

SW　开关

SW-DPDY　双刀双掷开关

SW-SPST　单刀单掷开关

SW-PB　按钮

THERMISTOR　电热调节器

TRANS1　变压器

TRANS2　可调变压器

TRIAC　三端双向晶闸管

TRIODE　三极真空管

VARISTOR　变阻器

ZENER　齐纳二极管

DPY_7-SEG_DP　数码管

SW-PB　开关

（2）其他元件库

Protel Dos Schematic 4000 Cmos .Lib40 系列 CMOS 管集成块元件库

Protel Dos Schematic Analog Digital.Lib　模拟数字式集成块元件库

Protel Dos Schematic Comparator.Lib　比较放大器元件库

Protel Dos Shcematic Intel.Lib INTEL 公司生产的 80 系列 CPU 集成块元件库

Protel Dos Schematic Linear.lib　线性元件库

Protel Dos Schemattic Memory Devices.Lib　内存存储器元件库

Protel Dos Schematic SYnertek.Lib SY 系列集成块元件库

Protes Dos Schematic Motorlla.Lib　摩托罗拉公司生产的元件库

Protes Dos Schematic NEC.lib NEC 公司生产的集成块元件库

Protes Dos Schematic Operationel Amplifers.lib　运算放大器元件库

Protes Dos Schematic TTL.Lib　晶体管集成块元件库 74 系列

Protel Dos Schematic Voltage Regulator.lib　电压调整集成块元件库

Protes Dos Schematic Zilog.Lib　齐格格公司生产的 Z80 系列 CPU 集成块元件库

附录 C

Altium Designer 常用快捷键

快 捷 键	功 能
Esc	放弃或取消
F1	启动当前操作帮助窗口
Tab	放置操作时，编辑对象属性
Pgup	以鼠标为中心，放大窗口显示比例
Pgdn	以鼠标为中心，缩小窗口显示比例
End	刷新屏幕
Del	删除点取的元件（1 个）
Ctrl+Del	删除选取的元件（2 个或 2 个以上）
X	将浮动图件左右翻转
Y	将浮动图件上下翻转
Space（空格）	将浮动图件逆时针旋转设定角度
Alt+Backspace	恢复前一次的操作
Alt+F4	关闭 Altium Designer 软件
Space（空格）	绘制导线，直线或总线时，改变走线模式
Home	以光标位置为中心,刷新屏幕
Ctrl+Tab	在打开的各个设计文件文档之间切换
左箭头	光标左移 1 个电气栅格
Shift+左箭头	光标左移 10 个电气栅格
右箭头	光标右移 1 个电气栅格
Shift+右箭头	光标右移 10 个电气栅格
上箭头	光标上移 1 个电气栅格
Shift+上箭头	光标上移 10 个电气栅格
下箭头	光标下移 1 个电气栅格
Shift+下箭头	光标下移 10 个电气栅格
Q	PCB 中 mm/mil 单位切换

参考文献

[1] 马成荣. 职业教育课程开发及项目课程设计. 2006.

[2] 姜大源. 职业学校专业设置的理论、策略与方法. 2002.

[3] 潘永雄. 电子线路 CAD 实用教程. 西安：西安电子科技大学出版社. 2002.

[4] 郭勇. Protel 99se 印制电路板设计教程. 北京：机械工业出版社. 2007.

[5] 黄明亮. 电子 CAD：Protel 99SE 电路原理图与印制电路板设计. 北京：机械工业出版社. 2011.

[6] 陈寿才. PROTEL 99SE 原理图与印制电路板电磁兼容设计. 长沙：中南大学出版社. 2007

[7] 史久贵. 基于 Altium Designer 的原理图与 PCB 设计. 北京：机械工业出版社. 2012.